全国环境统计培训系列教材

环境统计分析与应用

环境统计教材编写委员会　编

中国环境出版社・北京

图书在版编目（CIP）数据

环境统计分析与应用/环境统计教材编写委员会编. —北京：中国环境出版社，2016.5

全国环境统计培训系列教材

ISBN 978-7-5111-2741-9

Ⅰ. ①环… Ⅱ. ①环… Ⅲ. ①环境统计学—统计分析—技术培训—教材 Ⅳ. ①X11

中国版本图书馆 CIP 数据核字（2016）第 054917 号

出 版 人 王新程
责任编辑 沈 建 郑中海
责任校对 尹 芳
封面设计 宋 瑞

出版发行 中国环境出版社
（100062 北京市东城区广渠门内大街 16 号）
网 址：http://www.cesp.com.cn
电子邮箱：bjgl@cesp.com.cn
联系电话：010-67112765（编辑管理部）
010-67113412（教材图书出版中心）
发行热线：010-67125803，010-67113405（传真）

印 刷 北京中科印刷有限公司
经 销 各地新华书店
版 次 2016 年 5 月第 1 版
印 次 2016 年 5 月第 1 次印刷
开 本 787×1092 1/16
印 张 12
字 数 250 千字
定 价 39.00 元

全国环境统计培训系列教材

编委会

《环境统计分析与应用》编写人员

第 1 章	杨　婵	谢露静	张建辉
第 2 章	杨威杉	彭　菲	王　鑫
第 3 章	赵学涛	王丽娟	石雪梅
第 4 章	周景博	谢光轩	董广霞
第 5 章	马国霞	王军霞	刘通浩
第 6 章	李金香	孙庆宇	黄英志
第 7 章	吴　琼	孙振磊	张　欣
第 8 章	杨威杉	孙　蕾	白　煜

序

“十三五”是我国全面建成小康社会的决胜期，也是深化改革开放、加快建设社会主义生态文明的攻坚时期。随着经济总量不断扩大、人口持续增加，资源短缺、生态退化和环境污染已成为制约我国经济社会发展的重大瓶颈。环境统计作为环境保护的基础工作，在正确判断环境形势、科学制定环境保护的政策和规划等方面具有重要作用。我国从 20 世纪 80 年代开始实施环境统计，目前基本形成了自上而下的环境统计工作体系、配套的工作能力和相应的制度保障体系，对总量减排、环境规划等环境保护重点工作起到了一定的支撑作用。

环境统计作为一项专业性、技术性较强的工作，需要遵循特定的技术规范和操作守则，而我国目前尚未有一套全面介绍环境统计基础知识的系统性资料，对于刚刚加入环境统计队伍的人员来说，缺乏了解环境统计基础知识的工具书，影响了环境统计工作的稳定性和连续性。对于管理部门和相关研究人员等数据使用部门，由于不了解环境统计数据的统计口径和统计方法，在使用数据过程中容易造成偏差，进而对管理决策造成影响。

基于上述考虑，由环境保护部环境规划院、中国环境监测总站、环境保护部华南环境科学研究所、北京市环境保护科学研究院、四川省环境保护科学研究院等研究机构和中国人民大学、中国环境管理干部学院、长沙环境保护职业技术学院等高校以及中国造纸、钢铁、水泥等行业协会联合成立了中国环境统计培训教材编写委员会，抽调技术骨干人员组成编写组，经过 3 年努力，编写完成了本套培训教材。

本套教材共包括三册，分别是《环境统计基础》《环境统计实务》和《环境统计分析与应用》。其中《环境统计基础》以介绍统计学及环境统计基础知识、环境统计工作制度为主；《环境统计实务》以介绍污染物产排污量核算、产排污系数应用、环境统计报表填报和统计上报软件使用为主；《环境统计分析与应用》主要从服务于环境统计和环境管理工作的角度出发，介绍开展环境统计分析的主要方法及案例。

教材编写得到了环境保护部污染物排放总量控制司刘炳江司长、于飞副司长的大力支持。于飞副司长审定了教材编写提纲，总量司统计处毛玉如处长、董文福副处长审阅了书稿并提出了修改建议。环境保护部环境规划院洪亚雄院长、王金南副院长对教材编写给予了大力支持，在此一并致以感谢。由于环境统计涉及面广，内容庞杂，疏漏之处敬请读者批评指正。

丛书编写组
2015 年 2 月

目 录

第 1 章 绪论……1
1.1 环境统计与统计分析……1
1.1.1 环境统计分析的内涵……1
1.1.2 环境统计分析的特征……3
1.1.3 环境统计分析的作用……4
1.2 环境统计分析现状……4
1.2.1 总体概况……4
1.2.2 环境统计年报……5
1.2.3 环境统计公报……6
1.2.4 环境数据手册……6
1.2.5 专题型环境统计分析报告……6
1.3 国际环境统计分析……7
1.3.1 主要国际组织与国家……7
1.3.2 国际环境分析报告和发布……11
1.4 环境统计分析的发展趋势……15
1.4.1 以环境统计数据公开共享推动环境统计分析与应用工作的开展……16
1.4.2 强化多源数据对环境统计分析应用工作的支撑……16
1.4.3 以环境指标或指标体系为分析手段支撑管理决策……17
1.4.4 强化现代信息化技术在数据管理领域的应用……17
1.4.5 通过法律指导环境分析应用工作……18
1.5 环境统计分析与应用展望……18
1.5.1 服务可持续发展……19
1.5.2 服务绿色经济……20
1.5.3 服务气候变化……21
1.5.4 服务于环境健康……21

第 2 章 环境统计分析的理论框架……23
2.1 驱动力—压力—状态—影响—响应框架……23
2.2.1 历史沿革……23
2.2.2 主要内容……24
2.2 应用概况……25
2.2.1 OECD 的全面环境指标……25
2.2.2 环境压力指数……28
2.2.3 环境可持续指数……29

第 3 章 环境指标分析方法……31
3.1 指标分析的理论框架……31
3.2 基于 DPSIR 的统计分析指标构成……32
3.3 环境指数分析……36
3.3.1 环境指标和指标组合分析……36
3.3.2 环境指数的概念和作用……37
3.3.3 环境指数的分类……38
3.3.4 实用环境指数的编制……39

第 4 章 常用数据分析方法……42
4.1 数据分析一般步骤……44
4.1.1 明确数据分析目标……44
4.1.2 正确收集数据……44
4.1.3 数据的加工整理……45
4.1.4 明确统计方法的含义和适用范围……46
4.1.5 理解分析结果，正确解释分析结果……46
4.2 统计数据准备……47
4.3 统计分析方法和工具……48
4.3.1 常用方法……48
4.3.2 高级统计分析方法……73
4.4 方法使用建议……91

第 5 章 环境经济综合分析……93
5.1 环境经济综合分析概述……93
5.1.1 环境经济综合分析的意义……93

5.1.2 环境经济综合分析的特点......94
5.2 环境压力分析和预测......94
5.2.1 环境压力分析......94
5.2.2 环境统计预测......96
5.2.3 畜禽养殖量预测......101
5.3 综合环境经济核算......106
5.3.1 总体框架......106
5.3.2 环境污染损失核算......107
5.3.3 生态破坏损失核算......112
5.3.4 环境污染对经济影响的综合分析......114
5.4 环境政策绩效评估......115
5.4.1 指标体系构建......115
5.4.2 指标目标值的确定......119
5.4.3 数据标准化方法......120
5.4.4 确定指标权重......120
5.4.5 绩效指数的计算......120
5.4.6 评估结果......121
5.4.7 政策建议......132

第 6 章 环境统计和管理重点分析......133
6.1 主要环境问题和管理重点......133
6.1.1 主要环境问题分析......133
6.1.2 环境管理重点分析......134
6.2 环境统计重点对象分析......144
6.2.1 结合管理重点识别统计对象......144
6.2.2 统计名录库筛选方法......146

第 7 章 环境统计分析报告......150
7.1 数据分析报告的定义与作用......150
7.2 数据分析报告的种类和结构......151
7.2.1 数据分析报告的种类......151
7.2.2 数据分析报告的结构......152
7.3 撰写数据分析报告的注意事项......155
7.4 报告示例：总量减排压力指数报告......156

7.4.1 压力指数计算方法......156
7.4.2 分析报告正文......158

第 8 章 国际统计分析报告精选......164
8.1 国际组织环境报告：联合国全球环境展望......164
8.2 国家环境统计报告：荷兰年度环境报告 2010......171

参考文献......176

第 1 章　绪论

1.1　环境统计与统计分析

1.1.1　环境统计分析的内涵

统计，顾名思义是将信息统括起来进行计算的意思，它是对数据进行定量处理的理论与技术。《不列颠百科全书》的定义是：统计学是收集、分析、表述和解释数据的科学。《中国大百科全书》的定义是：统计学是一门学科，它研究怎样以有效的方式收集、整理、分析具有随机性的数据，并在此基础上对所研究的问题作出统计性推断，直至对可作出的决策提供依据或建议。由上述有关统计学的概念可以看出，统计分析是统计学的一项重要内容，是对收集到的有关数据资料进行整理归类并解释的过程。

环境统计分析是整理和传递环境信息的手段，它运用科学的方法，将第一手资料整理成可供决策与管理的资料，既是环境统计的成果，也是加工统计“成果”的过程。

一般而言，环境统计分析是指为满足特定目的，以适当的方法将收集到的环境数据进行归纳概括以获取有用信息和形成结论的过程。通过环境统计分析可以把隐藏在一大批看似杂乱无章的数据背后的信息集中并提炼出来，总结出研究对象的内在规律和发展趋势，并以分析报告等形式提供给决策部门和公众，既能服务于污染治理和环境管理决策需求，同时也能满足社会公众及社会组织等各类主体的环境信息需求。准确理解和把握环境统计分析的内涵，需要正确认识环境统计和环境统计分析的关系。社会认识统计一般分为统计调查、统计整理和统计分析三个阶段。前两个阶段只停留在分散的、感性的认识阶段，只有经过统计分析这第三个阶段，我们才能把握住社会经济发展的规律及其相互关系，才能达到由感性认识上升到理性认识。没有环境统计分析，就无法将环境统计数据转化为环境管理和综合决策所需的环境信息。

2008 年 4 月，环境保护部环境规划院根据联合国欧洲经济委员会、欧洲统计局和经济合作与发展组织（OECD）的《通用统计业务流程模型》（GSBPM），提出了中国环境统计工作的业务流程（图 1-1）。

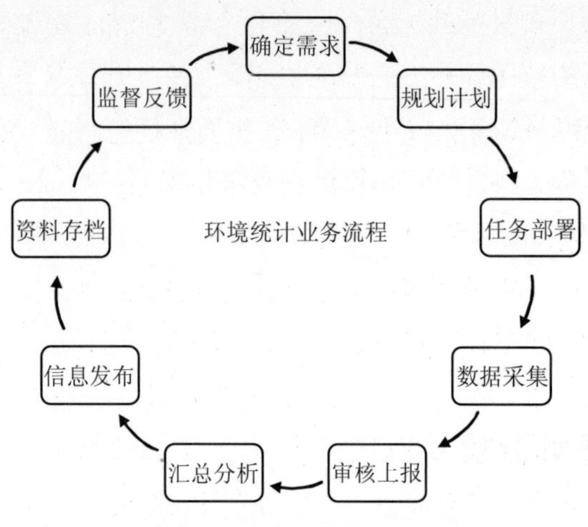

图 1-1 环境统计业务流程

该流程包确定需求、规划计划（任务设计）、系统开发及任务部署、数据采集、审核上报、汇总分析（统计分析）、信息发布、资料存档和监督反馈 9 个关键环节，其中每个环节又包含若干个子流程。上述各子流程和环节构成了完整的环境统计工作框架。其中，汇总分析环节向前衔接数据采集和审核上报环节，向后为信息发布提供素材，起到了承上启下的作用。如果缺少这一步或这一步做得不好，将降低统计工作的作用。可以确切地说，没有统计分析，环境统计工作就没有活力、没有发展，也没有统计工作的地位。所以环境统计工作者必须学会统计分析，积极地为决策服务，这既是统计工作者的职责，也是统计工作的目的。

从数据到决策这一逻辑链条来看，环境统计分析也是其中必不可少的环节。一般而言，从调查对象收集的数据本身并不能直接供决策者使用，必须要通过数据分析过程，从数据里提取有用的信息给决策者，最终变成人类社会可以共享的知识和智慧。数据分析在这个过程中起到了承上启下的作用，没有分析，数据就失去了生命力，只是一堆无用的原材料。图 1-2 描述了由数据到智慧不同的层级及其与环境统计、统计分析和管理决策的关联性。

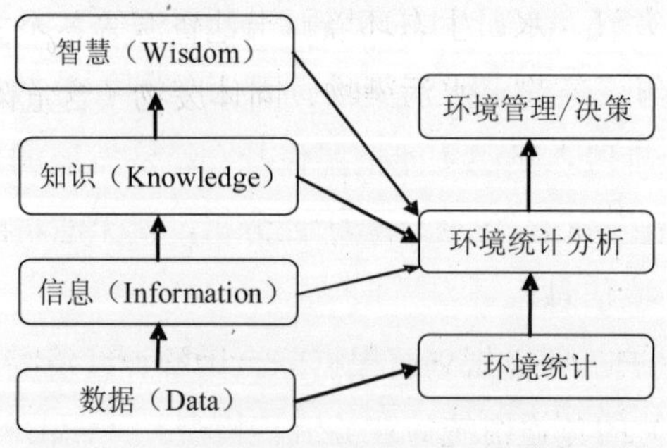

图 1-2 环境统计、统计分析与管理决策

随着经济总量和人口规模持续扩大而引发资源环境危机的不断加深，经济与环境决策对环境数据和环境信息的范围和精度的要求也逐渐提高。环境统计分析作为连接环境统计与环境管理及综合环境经济决策的重要环节，其重要性日益凸显。做好环境统计分析工作，不仅是正确判断环境形势、科学制定环境保护政策和规划的基础，也是有效实施主要污染物排放总量控制计划、切实改善环境质量状况的基础，也是有效提高环境监管和执法水平、保障国家环境安全的基础，更是环境保护主动参与和改善宏观调控、促进经济结构调整、推进资源节约型、环境友好型社会建设的基础。环境保护部一直高度重视环境统计分析工作，并将其作为一项重要的工作，纳入现行的法规体系并对环境统计分析工作提出了明确要求。2006 年，国家环境保护总局第 37 号令《环境统计管理办法》对开展环境统计分析工作进行了明确界定，其中第二条规定："环境统计的任务是对环境状况和环境保护工作情况进行统计调查、统计分析，提供统计信息和咨询，实行统计监督。"由此可以看出，统计分析是环境统计工作的一个重要组成部分和内容。同时，该办法第八条在对各级环境保护行政主管部门的统计机构的职责定位上，明确提出了"开展环境统计分析和预测"的要求，从数据生命周期的角度可以更直观地观察到统计分析工作的重要意义。

1.1.2 环境统计分析的特征

1.1.2.1 综合性强，涉及面广

由于"环境"这一概念本身具有较多内涵，其范围几乎涵盖人类生产生活所涉及的所有领域和空间范围。因此，相对于一般的经济社会统计而言，环境统计分析具有更强的综合性。

从内容上看，环境统计分析的对象包含自然资源及各类环境要素、人类生产和消费活动产生的各种污染物迁移转化富集过程及每个过程涉及的物理和化学变化，为保护环境所开展的环境治理活动、环境决策和环境管理能力建设等提供支持。具体而言，可以概括为多个方面：

（1）自然环境质量：大气、水、生态环境、土地资源等各个方面；

（2）污染物现状：大气污染物、水污染物、固体废物（含危险废物）、噪声、生态环境、核与辐射等污染；

（3）自然资源：水资源、矿产资源、林业资源、草原资源、海洋资源、野生动植物资源、能源等；

（4）环境法规与环保队伍的建设情况：如环境保护制度的执行情况、环境管理工作目标的达标情况、环境保护队伍建设情况等；

（5）社会经济类相关性信息：产业结构、经济发展情况、社会意识、环境保护宣传教育等；

（6）其他相关信息。

从对象上看，环境统计分析不仅包含对与自然环境相关的现象和规律的调查分析，更为重要的是，需要通过海量数据分析和既定的逻辑和模型框架以解释人类行为与环境和自然资源变化之间的关联。分析涉及的指标不仅包括经济产值、产品产量等，还包含污染治理设施及其治理效率、污染物产生量和排放限值以及其他相关指标。

1.1.2.2 具有较强的技术性

相比其他社会经济统计，环境统计分析涉及的学科和领域较多，需要的信息收集、监测的手段也较多，从事环境统计分析的人员不仅要掌握数理统计基本知识，还要熟悉环境保护知识和不同行业的生产工艺，掌握不同污染物产生和迁移转化规律，因此环境统计分析工作具有较强的技术性。

例如，在环境质量数据分析时，对环境监测工作的了解程度也会影响环境统计工作者对数据的把握程度；在对工业污染状况进行统计分析时，会涉及各类生产工艺、原材料化学成分、污染治理技术、污染物的排放情况等信息，这要求环境统计分析人员除了对各行业生产工艺有必要了解外，还应有扎实的环境知识，这样才能保证分析数据的选取和使用的准确性。因此，在环境统计分析工作中若没有扎实的专业基础，不了解各行业工艺流程，就不能熟悉和了解要分析的数据或指标背后的经济、物理或化学意义，就往往不容易获得准确可靠的分析结论。

1.1.3 环境统计分析的作用

环境统计分析作为国民经济统计的重要分支，是国民经济计划、决策与实行科学管理的重要手段，其作用主要体现在如下 4 个方面：

（1）为社会、经济、环境保护发展以及综合决策提供数据依据，给予技术支持；

（2）反映环境状况与发展趋势、环境保护工作的成效，满足公众的知情权；

（3）反映政府环境保护管理工作、环境政策方针实施进展情况；

（4）记录环境保护队伍建设情况，为提高环境保护专业队伍建设提供依据。

1.2 环境统计分析现状

1.2.1 总体概况

环境保护部（原国家环境保护局）于 20 世纪 80 年代建立了环境统计报表制度，经过 30 多年的实践和发展完善，已经建立了较为规范的环境统计指标体系，企业、县级、地市级、省级和国家级的统计数据逐级上报的工作体系，形成了一套以定期普查为基准、抽样调查和科学估算相结合、专项调查为有效补充的调查统计方法。2013 年，全国试运行国家重点监控企业环境统计数据直报系统上网线。2007 年，第一次全国污染源普查工作顺利开展，随即又开展了为期 2 年的普查动态更新，进一步摸清了全国污染源状况，为建立和完善“十二五”环境统计制度奠定了基础。与此同时，环境统计分析工作伴随环境统计制度的确立和完善而不断得到发展，从 20 世纪 80 年代初仅发布简单的几页环境统计数字，80 年代后期开始编制《中国环境年鉴》并于每年的世界环境日公布去年的《中国环境状况公报》，以及 90 年代开始出版内容不断丰富充实的《中国环境统计年报》，2000 年后国家统计局出版了《中国环境统计年鉴》，2013 年开始编辑《环境数据手册》，其间撰写了大量专题文章以供决策者参考。环境统计分析工作不断得到加强。但从环境管理决策和社会公众对环境统计信息需求的角度来看，我国的环境统计分析工作距发展要求仍处于相对滞后的阶段，尤其是基层环境统计部门的统计分析工作，急需增强其统计分析的能力。

1.2.2　环境统计年报

环境统计年报是环境统计工作人员根据上一年环境统计报表数据总结归纳的环境统计分析报告之一。大部分省级及部分地市环境行政主管部门都编制了环境统计年报。编写环境统计年报的主要目的是为各级政府和社会公众提供环境统计信息，满足环境管理决策和公众信息需求。

1.2.2.1　发布周期

环境统计年报由环境保护部门以年为周期编写发布，即每年编写发布上一年度环境统计数据情况。国家级的环境统计年报一般通过出版社向全社会公开发行，各省通过不同形式予以传播。

1.2.2.2　主要内容

环境统计年报以环境统计数据为依据进行编制，主要包括综述、各地区环境统计、重点城市环境统计、各工业行业环境统计、流域及入海陆源废水排放统计、环境管理统计、附录和主要统计指标解释 8 部分内容。其中，综述部分主要介绍规定的调查对象及其废水、废气、工业固体废物、集中式污染治理设施等的污染物排放与治理情况，以及全国辐射环境水平和环境治理投资状况。其他各章节分别从地区（省、自治区和直辖市）、行业和流域角度介绍污染物排放和治理状况。另外，现行环境统计中还包含了环境管理统计的内容，以反映环境保护各领域的建设情况。附录部分主要介绍与环境相关的经济指标概况。主要统计指标解释部分主要说明年报中重要指标的含义及其统计口径，主要是为环境统计数据使用者提供有效参考。

1.2.3 环境统计公报

1.2.3.1 编写周期与公布

环境统计公报是由各级环境保护部门针对上一年度重要的环境数据信息专门发布的具有高度权威性的公文。相对环境统计年报而言，环境统计公报的发布时间为“6·5”世界环境日，而且，由于公报仅包含年报中重要的摘要性信息。公报的篇幅较短，往往以电子文档的形式通过网络与全社会共享。

1.2.3.2 覆盖范围与主要内容

环境统计公报主要公布年报汇总的信息，覆盖领域与年报相同。

1.2.4 环境数据手册

为进一步强化环境统计工作对环境和经济社会发展决策的服务功能，强化环境统计分析工作，从 2013 年开始，环境保护部污染物排放总量控制司编制《环境数据手册》。该手册是一本综合简明的统计资料汇编，内容涵盖经济、社会、能源、环境等方面的基础数据，除了我国上述各方面的信息外，该手册还收录了世界部分国家的相关数据。

1.2.4.1 发布周期

《环境数据手册》主要是为环境管理内部需求而编制的非正式出版物，随着环境数据分析工作的开展，该手册的内容和形式将不断完善，并以公开出版物的形式向全社会公开。

1.2.4.2 主要内容

目前的《环境数据手册》主要包括四个部分内容，分别是综合部分，分地区经济、社会和能源统计部分，环境统计部分和附录部分。其中综合部分主要介绍世界其他国家以及我国的相关指标，包括 GDP（国内生产总值）、人口、主要污染物排放情况等；分地区经济、社会和能源统计部分主要介绍世界其他国家和中国各地区经济社会基本情况以及能源消费指标等；环境统计部分主要介绍各区域和各重点行业污染物排放情况，以及各主要城市环境质量状况；附录部分介绍主要各统计指标的定义和口径。

1.2.5 专题型环境统计分析报告

专题型环境统计分析报告是对某项环境问题所做的专项调研和深入研究后编写的一种环境统计分析报告。专题型环境统计分析报告的主题主要来自以下两个方面：①公众和管理决策层关心的环境问题；②环境保护工作中亟待解决的问题。简单地讲，专题型环境统计分析报告就是为了解决环境问题而编写的报告，因此专题型环境统计分析报告通常有如下特点：

（1）不受时间限制，根据需要而编制。专题报告的编写通常是为各级部门内部需要而编写的，或者在某项专项环境保护工作与环境调查工作后编制的，因此专题型环境统计分析报告没有规律性的发布时间。因需要而编写是环境统计分析报告的最大特点。

（2）形式灵活，有的放矢。专题型环境统计分析报告通常只针对某一个环境问题进行深度剖析。因此，相对于环境统计公报、年报和其他综合型的环境统计分析报告，其内容相对单一，但此类环境统计分析报告只针对一个问题进行分析，因此此类环境统计分析报告重点较为突出，并且可提出深刻的建议和解决办法，为后续的环境政策制定、环境保护工作具有很好的指导意义与参考价值。

专题型环境统计分析报告是开展环境保护专项、环境政策研究等的前期基础信息工作。

1.3 国际环境统计分析

1.3.1 主要国际组织与国家

1.3.1.1 联合国统计署

环境统计数据的应用非常广泛，有些应用甚至已经超过环境工作本身，涉及统计经济、贸易、社会、科技等各个领域。联合国统计署（United Nations Statistics Division，UNSD）一直致力于建立和完善全球性的统计制度：统计标准和统计指标的规范与制定，以及国际间统计项目和统计活动的开展与协调。除了统计工作本身以外，UNSD 作为联合国经济社会理事会下的独立机构也特别重视统计信息在经济社会活动中的应用，特别是环境对经济社会活动的影响。因此，UNSD 开发出了环境统计开发框架（Framework for the Development of Environment Statistics，FDES）和综合环境与经济核算体系（System of Integrated Environmental and Economic Accounting，SEEA）。其中，FDES 是指导各国建立环境统计制度体系的纲领性文件，SEEA 是指导各国建立综合环境、经济账户的纲领性文件。

1993 年，UNSD 出版了《SEEA1993》，首次建立了与国民经济核算体系相一致的、系统地核算环境资源存量和资本流量的框架。但是 SEEA 并不是国民经济核算体系的更新或替代，而是在不改变国民经济核算体系的基础上，考虑环境因素，对以国民经济核算体系为核心的账户体系的补充。2000 年，UNSD 出版了《SEEA 指导手册》，该手册没有阐述 SEEA 的全部内容或模块，只是描述那些在目前可行的，至少数据充分并能与国民经济核算体系相连接的部分内容。2003 年 UNSD 又推出了 SEEA 的最新版本《Integrated Environmental and Economic Accounting 2003》，进一步扩大了国民经济核算体系（1993

年）的核算内容与范围。SEEA 的建立和发展对人类评估其自身活动对环境的影响有重要意义，而 SEEA 的完善离不开环境统计数据的大力支持。因此，从综合环境经济核算的角度考虑，环境统计的重要意义早已不局限于环境本身。

1.3.1.2 欧盟统计署（EU Eurostat）

除了国际层面 UNSD 力推的 SEEA 之外，在区域和国家层面上欧盟（European Union，EU）及其下属的欧盟统计署也是环境统计与环境经济核算工作的积极推广者。为了帮助欧盟成员国尽快达到和满足 SEEA 核算标准，欧盟建立了国家级核算框架和规范统计指标。欧盟颁布的 691/2011 号令从法律层面规范了各成员国的环境经济核算体系，包括研究方法、数据资源的利用、统计数据的收集等等。在目前的体系中，空气污染物账户、物质流核算账户和环境税账户已经被纳入了最新的法律文件中，可见欧盟对环境统计在核算工作中的重视程度。事实上欧盟一贯有重视经济活动对环境的影响和消费生产对自然资源破坏的传统。但是只有在以环境统计为基础的核算工作方面，一些政策和决策才能找到科学的依据。在这方面，目前欧盟走在了世界的最前列。

为满足环境信息的需求，另一个与环境统计直接相关的机构——欧盟环境局（European Environmental Agency，EEA），建立了地球之眼（Eye on Earth，EOE）环境信息综合应用和展示系统。EOE 是“全球公共信息网络”，用来创建和共享环境相关的数据，并将综合环境经济信息在互联网上通过互动地图的方式进行可视化展示，EOE 系统充分地利用了环境统计数据与地理信息系统的优势。EOE 的总体目标是改善环境，共享信息和知识，通过交流相关信息来扩大和提高我们的知识环境，更好地理解所发生的事情，推动环境治理和环境质量改善。EOE 系统目前主要从事 3 项活动：①探索交互式地图，发掘观察环境的新方法；②提供环境数据信息，并通过进一步分享这些信息以增进公众环境知识；③允许用户创建自定义的地图和分享这些信息给更多的公众。EOE 正在发展成为一个有效的环境信息沟通平台。

EOE 的另一大特点是它建立在公共部门和私营部门的伙伴关系基础之上，汇集了行业及公共机构的专业知识。EOE 是 EEA、美国环境系统研究所（Environmental Systems Rearch Institute，ESRI）和微软公司合作推出的在线社区环境数据共享平台，这种新的基于云计算的网络有效促进了公共数据访问，提升了公民环境意识和环境知识。此外，EOE 为企业提供了一个安全的地理信息管理平台。信息发布商可以在互联网上选择分享他们的工作给任意用户或小型工作组。EOE 系统图例如图 1-3 所示。

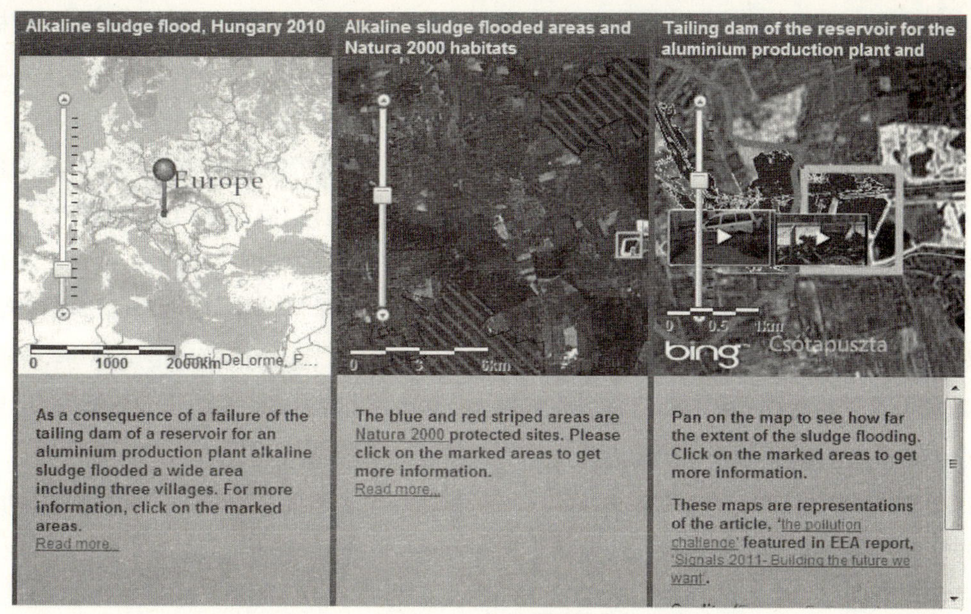

图 1-3 EOE 系统图例

1.3.1.3 经济合作与发展组织（OECD）

在统计分析领域，经济合作与发展组织最重要的工具是环境绩效评估（Environmental Performance Assessment，EPA），它是对环境政策执行效果与效率的一种综合性评估，主要用来检查环境质量在一定范围内是否达到了（政策）预期的目标。从评估的对象来看，EPA 的目标包括组织的管理系统、组织框架、政策法规以及环境状况。从评估的空间范围来看，EPA 可以对包括地方、区域、国家和国际间等多地理尺度进行评估。目前全球很多国家和地区都在国际组织的协助下开展了区域或国家、国际的环境绩效评估。环境绩效评估与一般环境报告的主要区别在于环境绩效评估往往会对为了达到环境目标所做出的各种努力进行量化，从而反映各种措施与预期环境目标之间的关系，而一般环境报告则更多的是对目前的环境状况进行一些描述性分析。

OECD 的环境绩效评估框架工作起步较早，20 世纪 80 年代，OECD 就着手开发环境指标，用压力—状态—响应（Press-State-Response，PSR）框架组织有关环境问题的指标。之后，OECD 在 PSR 框架基础上提出了用于政策分析的全面环境指标（Core Environmental Indicators，CEI）、用于沟通交流的核心环境指标（Key Environmental Indicators，KEI）、用于综合分析的部门环境指标（Sector Environmental Indicators，SEI）和用于可持续发展分析的脱钩指标（Decoupling Environmental Indicators，DEI）4 个指标体系。OECD 的工作重点是利用包含在 CEI 中的关键环境指标来评价环境进程，并结合 SEI，把环境问题纳入部门综合决策。同时，利用从环境换算中得来的进一步指标衡量环境压力与经济增长的脱钩程度。

其中，CEI 基于 PSR 框架分类，用于跟踪环境进展和所涉及的主要因素，并在指标分析的基础上开展相应的环境政策分析。CEI 从土地、森林、动植物、水、大气、废物和噪声 7 个方面进行统计，包括 50 余个指标，这套指标普遍被 OECD 成员国所接受和采纳，并定期出版。KEI 是在全面环境统计指标基础上开发的 10 个核心环境指标，旨在满足与公众沟通交流服务的需求，并向公众和政策制定者提供关键信息。该指标体系数据基础来源于 OECD 资源环境信息系统（SIREN）数据库，与 OECD 制定和使用的其他环境指标也密切相关。10 个核心环境指标为气候变化、臭氧层、大气质量、废物、水资源、森林资源、鱼类资源、能源资源和生物多样性。DEI 主要衡量在某一特定时期内环境压力与经济增长的脱钩程度；在 OECD 成员国的政策分析和评估中与其他指标结合使用，是确定国家贸易能否实现可持续发展方面的有效工具。

除了上述的国际组织对环境统计的应用之外，一些主要国家在良好的环境统计制度的保障下也开展了很多相关的活动。

1.3.1.4 加拿大国家环境和自然资源核算账户

环境和自然资源存量账户（Natural and Resources Stock Account）建立的目的是量化自然资源的实物价值和货币价值，监测其年度变化并编制年度国家财富账户平衡表。加拿大环境和自然资源存量账户的编制工作主要由加拿大统计局负责。

在整个账户的建立过程中，自然资源统计的实际作用是用来检测自然资源对国家财富的贡献程度。所以有别于污染物的核算，自然资源的核算更紧密地与经济活动联系在一起。加拿大的环境与资源核算账户提供了一个集成框架对自然资源的实物价值和货币价值进行统计和分析，为研究环境和人类经济活动之间的关系提供了量化分析的基础，包括：①加拿大的自然资源存量及其对国家财富的贡献；②企业、家庭、政府等主体对自然资源的采掘利用情况；③行业、家庭、政府等对各种废物（液体、固体和气体）的管理；④企业、家庭和政府以保护环境为目的的各项支出。这个账户最大限度地兼容了国民经济核算体系。

1.3.1.5 澳大利亚公众环境报告

发布公众环境报告的主要目的是满足公众环境信息公开需求，是企业、政府、与环境相关的各类利益相关者沟通环境信息的主要方式。20 世纪 90 年代初，澳大利亚发布公众环境报告仅限于采矿业和重工业等高污染行业。随着经济发展和立法的不断完善，越来越多的机构开始选择发布公众环境报告。一般而言，公众环境报告分为两种：一种是自愿或由于市场驱动而发布，另一种是因为法律法规的强制要求而发布。

基于环境统计信息的公众环境报告往往可以带来环境领域之外的很多好处，包括：①创造更好的市场机会，这是由于环境信息更加透明的机构或企业往往会获得客户或者投资人更多的信任，顾客也倾向于购买带有“环境友好型”标签的产品；②帮助机构提高自身内部环境绩效，由于报告对资源的使用和消耗有了明确的量化，因此报告也变成了一个内在的驱动力来帮助机构认识到存在的环境问题和督促机构为改善问题而做出更多的努力；③改善与机构外部利益相关者（当地社区、决策者、非政府组织等）关系，因为机构的环境信息公开、透明可以赢得更多外部利益相关者的信任和支持；④主动公开环境信息还能使机构掌握环境信息公开的主动权和增加员工环境保护的意识，使机构赢得更多内在的和外在的信任。

综上所述，环境信息通过公众环境报告这一简单的形式发布可以使机构获得更多的社会上和经济上的益处。因此环境统计分析并不一定需要非常科学性的探索，在需要的时候和地方展示给需要的人就可使环境信息的贡献最大化。

1.3.2 国际环境分析报告和发布

主要国际组织和国家的环境报告涉及多个方面，例如国家环境状况、大气保护、水环境、废物管理、自然资源保护和生物多样性等方面；环境报告和数据评价基本是在环境指标体系的基础上对环境状况和环境影响进行分析评价。报告形式多种多样，包括国家环境影响评价报告、区域环境影响评价报告、各种专项统计年鉴、调查项目结论报告和环境问题专项报告等。以下总结了主要国际组织（表 1-1）、OECD 国家（表 1-2）和非 OECD 国家（表 1-3）的环境状况和环境绩效评估报告情况。

表 1-1 主要国际组织环境报告和评估情况

组织机构	环境报告及评估机构	环境报告情况	出版物
欧盟	欧洲环境署	环境相关健康问题、气候变化、生物多样性损失、海洋资源的过度利用、生产消费现行模式和经济活动造成的压力	贝尔格莱德报告（《欧洲环境——第四次评估》）
联合国欧洲经济委员会	环境监测与评估工作组	第六届“欧洲环境”部长级会议认可了《加强东欧、高加索地区和中亚企业环境监测和报告指南》（由 UNECE/WGEMA 提供），帮助感兴趣的国家完成该指南中 UNECE/WGEMA 承诺的内容，针对指定行业项目进行模拟环境监测，并在 2009—2010 年形成环境和可持续联合报告；同时，UNECE/WGEMA 在后续工作中回顾了最先进技术和基于生态系统评估的国家经验；另外，通过国家或相关国际机构，进行了针对本地区特定生态系统成功方法的测试案例研究，这些案例研究通过了 UNECE/WGEMA 的论证，并于 2010 年推荐使用	《第一次跨区域河流、湖泊和地下水评估》
联合国环境规划署/早期预警和评价部	联合国环境规划署	全球环境展望报告，专题 GEO 报告，UNEP/GEO 年鉴，国际农业科学和技术评估（IAASTD 2008），全球海洋评估（GMA），全球和区域海洋环境评估数据库（GRAMED2007），全球冰雪展望，全球冰川变化：事实和数字，环境变迁地图集	

组织机构	环境报告及评估机构	环境报告情况	出版物
OECD	OECD环境信息处、环境信息和展望工作组	《环境绩效回顾——水资源：OECD国家的经验》，《全球经济中的中国：环境、水资源和农业政策》，《OECD环境数据概述2004》，《OECD环境数据概述（2006—2008年）》，美国、日本、加拿大等OECD国家和中国、智利等非OECD国家的环境评估报告书	

表1-2 OECD国家环境报告情况

国家	环境报告及评估机构	环境报告情况及出版物	环境评估情况
美国	环境信息办公室	年度环境报告；美国环境状况报告	单项工程的环境影响评价报告，政策性的环境影响评价报告，整体的环境影响评价报告，补遗的环境影响评价报告，增加新内容的环境影响评价报告和后续的环境影响评价报告等
日本	环境省	《环境基本计划》；环境报告有环境年度报告和物质良性循环年度报告，其中环境年度报告分为展望、本年环境年度报告和环境保护措施实施3个部分，解释了主要环境领域的环境问题现状	化学物质环境风险评估报告
澳大利亚	环境、水资源、遗产与艺术保护部负责国家环境报告，在相关专业领域，地区环境机构和政府机构参与环境报告和评估	《澳大利亚环境：问题和趋势》、《国家绩效框架（2007—2008年）》报告及指标解释，国家环境报告、国家空气报告、国家森林报告、水资源2010、地区状况报告	
奥地利	农业、森林和水资源管理部，参与机构有环保协会和环保公司	国家环境报告，3年出版一次	
加拿大	环境部，参与机构有农业和农产品部、渔业和海洋部、健康部、自然资源部	北美地区儿童健康和环境：可利用指标和衡量；大不列颠哥伦比亚海岸环境报告；环境统计纲要报告、《五大湖区状况报告》等区域指标报告	
意大利	环境保护和研究机构，参与机构有国家统计局、地方环境保护机构	国家环境状况报告、环境数据年鉴、废物报告、城市地区报告、气候变化报告和1990—2006年意大利温室气体清单，2008年国家清单；国家结构改革报告：意大利重新启动欧盟里斯本创新、增长和就业战略规划	
匈牙利	环境与水资源部，参与机构有统计中心办公室、农业与农村发展部、经济与交通部	翻译OECD编写的《环境绩效评估：匈牙利》，OECD环境统计纲要、国家环境展望报告，交通、能源和农业方面的部门报告	

国家	环境报告及评估机构	环境报告情况及出版物	环境评估情况
芬兰	环境机构、统计局，参与机构有环境部	《年度环境统计纲要》《芬兰环境保护效率报告 2008》《芬兰区域环境指标体系》	国家环境报告评估结论是：用户有信息获取的需要，且以 OECD 和 EU 国家为主要基准
德国	联邦环境机构	联邦环境机构每 4 年出版一次“环境数据”报告，考虑驱动力因素，该报告包括气候变化及大气保护，环境与生命质量及健康，环境媒介及生态系统，自然资源可持续使用及废物管理 4 个方面	
捷克	环境部，参与机构有环境信息机构、其他部门机构	捷克环境统计年鉴、信息统计系统报告、国家环境年度报告、国家农业年鉴、国家水环境管理年鉴、国家森林及其管理年鉴、公共水资源服务年鉴、交通年鉴、旅游年鉴和工业全景概要、宏观层面的环境核算报告	1990—2004 年经济部门（工业、农业、能源等）对环境影响的评估报告
韩国	环境保护部，参与机构有国家统计办公室	环境白皮书、环境统计年鉴、中长期环境规划、政策报告、研究数据和其他信息，其中环境白皮书和环境统计年鉴是每年定期公布的两个主要报告；其他的环境报告有月度及年度空气质量报告、工业废水产生及处理报告、供水及污水系统统计、公共环境保护意识报告、国家废物统计和化学品分布状况报告、国家环境总体规划（2006—2015 年）	环境影响评估系统目的是向公众、评估机构、政府官员和为提高公共服务质量的相关商业部门提供环境影响评估信息，通过共享数据库进而降低执行成本，提高环境影响评估报告编写的效率
卢森堡	环境保护部	环境指标报告	目前还没正式的环境政策评估方面的工作规划
波兰	环境保护首席监察机构，参与机构有环境保护部、统计办公室	环境保护首席监察机构出版了“国家浏览报告”，包括大气保护、水资源保护、环境噪声、土地保护、废物管理和自然保护，共选择 35 个重要指标进行评估；波兰统计办公室从 1972 年起每年出版环境报告，该报告包含了自然资源、环境风险及环境保护问题和水资源管理方面的定性和定量数据	环境保护首席监察机构每四年出版一次波兰环境状况评估报告
墨西哥	环境与自然资源部，参与机构有国家统计及地理信息机构	国家环境报告描述了墨西哥的环境状况和自然资源情况，共有 7 章，覆盖的主题有人口、陆地生态系统、土壤、水资源、生物多样性、污染物（空气质量、固体及有害废物）和全球问题（气候变化、臭氧消耗和全球生物多样性损失）；环境数据纲要报告	
荷兰	环境评估机构，参与机构有统计局、排放登记机构、瓦赫宁根大学研究中心、内陆水管理和废水处理机构、国家海岸管理局等	按年公布的环境平衡报告和自然平衡报告、排放登记报告、环境数据纲要、繁荣居住环境展望、主要生态网优化报告和第 4 版全球环境展望——旨在发展的环境	

国家	环境报告及评估机构	环境报告情况及出版物	环境评估情况
新西兰	环境部，参与机构有统计局和地区各级政府机构	环境部协同正式和非正式的其他政府部门、地方政府、研究机构等共同完成环境监测数据报告	
挪威	环境保护部、污染控制机构、统计局，参与机构有自然资源管理机构	挪威一般性的环境政策信息由环境保护部发布；环境状况由挪威污染控制机构网上发布。环境统计信息通过“挪威国家资源和环境报告”“政府环境政策和挪威环境状况白皮书”出版	
斯洛伐克	环境部，参与机构有统计、水资源研究机构、州级环境保护机构、环保基金、州级地理信息机构	斯洛伐克环境状况报告从1993年开始按年定期出版。另外，还包括依据DPSIR① 框架的环境报告、研究经济部门对环境状况影响的部门指标报告和区域环境报告	
西班牙	环境乡村及海运事务部、国家统计机构，参与机构有区域环境保护机构、地方权力机构	国家统计机构的调查结果报告、环境乡村及海运事务部的数据产品和西班牙可持续发展情况报告	
瑞士	联邦环境办公室、联邦统计办公室	瑞士环境报告提供了关于国家环境的系统信息，包括环境政策评估；针对专门问题，联邦环境办公室定期出版国家环境手册；瑞士环境统计——概括指导	
英国	环境、食品和乡村事业部，苏格兰政府，威尔士联合政府，北爱尔兰环境保护部，参与机构有环境协会和研究组织	按时在网络上公布环境统计数据，并提供数据的下载；同时，每年定期出版环境统计调查手册、生物多样性指标体系手册	

注①：DPSIR 模型由驱动力（Driving forces）、压力（Pressure）、状态（State）、影响（Impact）和响应（Resporuses）组成。

表 1-3　非 OECD 国家环境报告和评估情况

国家	环境报告及评估机构	环境报告情况及出版物
智利	环委会和智利大学	国家温室气体清单；依照联合国环境规划署的 GEO 方法由公共事务署汇编（1999 年、2002 年、2005 年）报告，智利第四份环境现状报告工作于 2008 年下半年开展
爱沙尼亚	统计办公室、土地管理会、国家环境监测项目执行责任机构、研究机构、公司等	空气、水、废物、生物多样性和气候变化的年报；环境状况报告；国家环境监测报告
以色列	中央统计局	《以色列环境 2002》
俄罗斯	联邦统计机构及相关部门	环保和自然资源有效利用的统计信息报告，每年有 21 张统计报表收集环保信息，包括长期的系列的基础环境保护数据（如大气污染物排放、排污污染、环境保护支出等）

国家	环境报告及评估机构	环境报告情况及出版物
斯洛文尼亚	负责机构统计办公室，参与机构有环境部门	年度报告包括：公共废物去除和城市垃圾填埋场、生产和服务活动产生的废物、大气年度报告、制造业废物的利用、公共排污系统、公共给水系统、农用地灌溉、环保总投资和支出与环保相关活动收入、政府部门环保支出（2001—2004 年，临时数据）、自然灾害损失估算、物质流账户——直接物质消费（DMC）和直接物质输入（DMI）指标、包含环境账户的国民经济核算矩阵（NAMEA）测算的空气排放

1.4 环境统计分析的发展趋势

自 20 世纪末以来，资源问题、环境问题引起了世界各国普遍关注，许多专家、学者、政府部门和国际组织都致力于解决此类问题，对资源环境进行经济核算并且将其纳入国民经济核算体系就是诸多实践之一。从国际研究进展看，资源与环境经济核算是从局部核算开始的，或者着眼于特定资源类型，或者着眼于特定环境问题。国际组织中的统计机构及时对这些局部核算经验予以总结，上升到理论方法的系统研究，形成了整体意义上的环境经济核算体系；同时，整体核算体系又对各种局部核算提供了方法性指导。已与整体的资源环境经济核算密不可分了。

很多国家开展了资源与环境核算的研究和应用。比如，挪威早在 1978 年就开始了资源环境的核算，1997 年开始执行的经济和环境核算项目（NOREEA）涵盖了 3 个方面的内容：①将环境统计纳入了经济统计中，建立了 NAMEA 账户；②将已经包括在经济统计中与环境相关的信息分离出来；③对重要自然资源进行评估。此后荷兰、德国等北欧国家相继开展了类似的工作，美国和加拿大也非常重视资源与环境的核算工作。虽然美国不进行名义上的资源与环境核算工作，但相关部门针对自然资源、污染防治和排放建立了非常详尽的数据库，许多污染损失评估方法在实践中得到了充分的应用，美国所有与环境相关的政策的出台和工程项目的实施都要经过费用效益分析对比。墨西哥和菲律宾等发展中国家，也率先开展了绿色国民经济核算的研究并予以实施，此后印度尼西亚、泰国、巴布亚新几内亚等国也纷纷效仿。

综合上述分析，将自然资源核算作为自然资源可持续管理的工具、利用物质流账户衡量物质资源利用效率和生产力、利用环境污染和防护支出核算进行环境污染管理以真实衡量经济发展成果，利用可持续发展指标反映可持续发展水平和国民经济福利，这些已经成为国际上环境统计分析应用的主要趋势。

1.4.1 以环境统计数据公开共享推动环境统计分析与应用工作的开展

环境问题全球化趋势逐步显现，为此，联合国欧洲经济委员会（UNECE）、联合国环境规划署（UNEP）、欧盟（EU）和经济合作与发展组织（OECD）在环境信息方面制定了基本原则、框架并编写了一些试验性研究报告，为各国在环境信息的法律框架构建、环境数据统计、环境指标、环境报告和评估、环境核算和可持续发展方面研究工作的实施和开展，提供技术支撑、经验分享和前期指导。例如，欧盟基于欧洲环境署和欧洲环境信息和观测网制定的议会修正法案——933号（1999）和1641号（2003）；联合国环境规划署要求回顾世界环境状况而制定UNEP的UN GA（斯德哥尔摩 1972 XXV11）决定，以及设计全球环境展望（GEO）中的环境指标。

同时，OECD、EU等主要国际组织致力于建立区域性的数据共享机制，为更好地解决区域环境问题提供数据支撑。例如，联合国环境规划署早期预警和评价部通过开发环境和经济社会数据的核心数据库，为全球评估和报告提供了坚实的数据基础，建立了全球环境展望统一的数据门户；此外，诸如全球和区域海洋环境评估数据库（GRAMED 2007）这样的专题数据库也为全球海洋评估（GMA）等专题评估作了数据准备。OECD建立的统计信息系统，对从各国收集到的数据进行均一化处理，使其更适合于国家之间的比较分析。这些数据为制定环境规划、加强环境管理提供了强有力的事实和量化依据；与此同时，这些数据和指标有助于为OECD成员国环境展望提供分析和量化模型。OECD环境数据每两年出版一次，这项工作在东欧、高加索地区和中亚，以及亚太、地中海地区也有广泛的影响，其影响力已超出OECD成员国的范围。欧盟和欧洲环境机构（EEA）共同建立了欧洲共享环境信息系统；联合国欧洲经济委员会出版了各种区域性环境信息报告。

1.4.2 强化多源数据对环境统计分析应用工作的支撑

环境数据涉及的环境领域有大气污染、水资源、废物管理、土壤污染、自然资源管理和生物多样性、能源、交通和环境保护支出等方面。大多数国家的环境统计工作基本上都由各国环境部门协同国家统计部门和相关农业、渔业、林业、海洋等部门及其调查中心共同完成，部分国家由统计部门主导。数据收集方面，各国通过建立国家或区域性的环境监测网络收集环境质量数据，定期对环境数据进行信息补充、参数测定和环境状况评估，监测项目包含多个环境方面，如瑞士的环境监测包括地下水质量监测、国家水环境监测、土壤监测和森林监测等。在环境数据中，环境质量和工业企业排放数据主要通过监测网络获得，污染物总量数据主要通过核算获得，环境保护支出数据在专项调查的基础上计算获得，环境费税和环保投资通过调查获得；环保投资主要统计末端治理投资。近年来，随着地理信息技术的发展，遥感等新技术作为辅助手段逐渐在环境资源信息系统中得到广泛应用，在污染源、水资源、矿产、土地、森林、生物多样性等环境资源调查核算中，发挥了重要作用。以加拿大土地资源核算为例，基础数据主要来自每五年一次的全国土地情况调查和每五年更新一次的地理信息系统。

同时，国外环境数据来源渠道多样，部门间信息共享以及信息公开机制也较完备。比如，加拿大水资源核算需要 5 个方面的基础数据：①加拿大自然资源部的国家遥感中心资料和国家地理数据资料；②加拿大环境部气象服务、水文调查、地方水资源使用、水文研究中心和淡水研究协会等部门的数据资料；③加拿大内阁环境委员会的资料；④地方政府行政记录；⑤加拿大统计局的人口普查、农业统计和地理统计等数据，以及环境统计与核算处新开展的调查。部门之间可以共享以上数据，非国家机密数据公众可以查询、使用。

1.4.3 以环境指标或指标体系为分析手段支撑管理决策

目前多数国家依据 OECD 提出的 PSR 框架或驱动力—压力—状态—影响—响应框架设计国家或区域层次上的环境指标。其中，OECD 在环境指标领域长期保持着国际领先地位，它制定并发布了第一个国际环境指标体系，并将该体系运用到国家环境绩效评估和其他政策分析工作中。长期以来，OCED 一直是其成员国在污染、自然资源、能源、交通、工业与农业等方面环境数据和指标的权威来源。这些数据为成员国制定环境计划工作提供强有力的量化依据，同时，它还在其成员国的支持下，不断完善并拓宽环境指标体系，并开展环境数据的政策应用研究。

OECD 成员国在环境信息方面涉及领域广泛，包括能源消耗、交通、废物、室内空气、大气、土地、水资源、海洋和生物多样性等。为全面反映环境状况，OECD 建立了 CEI。例如，瑞士的全面指标共有 250～300 个，新西兰的环境绩效评估指标有 166 个。

值得借鉴的做法是，德国计算并发布的环境综合指数 DUX。2002 年德国环境部第一次计算了 DUX，用一个数据来反映德国环境保护的发展趋势，以具有德国环境晴雨表作用的单个指标为基础。这些基础指标涉及气候、大气、土地、水、能源、原材料 6 个领域，每个领域由不同的指标反映，每个指标都有一个未来规划目标。作为一个非常重要的指标，DUX 可以用来监督环境政策的实施情况，使环境目标的确定具有更强的约束力。

1.4.4 强化现代信息化技术在数据管理领域的应用

环境统计及其相关信息涉及经济、社会、环境等多个领域，为获得翔实、准确的环境信息，各主要国际机构和大部分国家都纷纷通过数据库的建设，达到高效、优质生产和使用各类环境数据的目的，并保障数据质量。

美国、日本等国家分别按照各自需要，灵活建立各有侧重的数据库系统，以提高环境信息建设的实用性，这些数据库多以动态监测数据为依托，通过年度更新、网络共享、实时传播、面向公众等多种形式，实现环境信息的有效利用。各数据库系统往往与地理信息系统等相结合，直观、生动地体现环境信息的空间分布情况，如美国 EPA 网站包含有关环境大气质量、大气污染物排放、饮用水水质、水污染物排放、流域及近海海域水质、危险废物、有毒物质排放等多种数据库，并以图表或环境地图的简明形式向用户提供所需信息；捷克环境信息门户项目不仅集中发布环境信息，还提供环境指标、地图信息、统计信息和元信息。此外，部分国家建立了有针对性的专项数据库系统，如意大利应用主要空气污染物监测点的在线监测系统搜集数据，建立了 BRACE 数据库；新西兰环境部依据土地使用和碳分析系统（LUCAS）绘制了 2007—2008 年的卫星地图，使用土地分类建立土地覆盖数据库；爱沙尼亚建立了燃料监测登记、温室气体排放交易登记等非环境登记的数据库系统；斯洛文尼亚建立了针对环境指标的 SI-Stat 数据库等。

1.4.5 通过法律指导环境分析应用工作

无论是国际组织还是主要国家，为保证环境数据的有效利用，都就环境数据分析、应用及环境报告编制、信息共享制定了较为详尽的法律框架。其中，联合国欧洲经济委员会（UNECE）、联合国环境规划署（UNEP）、欧盟（EU）和经济合作与发展组织（OECD）着眼于环境统计的基本原则、框架，为各国在环境数据统计、环境指标、环境报告和评估、环境核算和可持续发展方面研究工作的实施和开展提供有效的数据和机制保障。欧盟等主要国际组织致力于建立区域性的数据共享机制，为更好地解决区域环境问题提供数据支撑。

各主要国家根据环境领域的相关法律，对大气污染、水污染、土壤污染、废物管理、自然资源管理和生物多样性、能源、交通和环境保护等多个方面进行环境统计分析，就各国重点关注的领域、相关部门及企业的职能和义务作出详细的规定，同时大多数 OECD 国家、主要的非 OECD 国家都对公众知情和参与、环境信息披露等涉及广大民众切身利益的环境信息应用做了法律上的详细安排和规定，从一定程度上保障了环境信息数据的推广和应用，也使环境管理和决策体现以人为本的思想。

1.5 环境统计分析与应用展望

从环境保护本身来讲，环境统计分析与应用要从深度上继续发展，通过简单的统计数字揭示环境问题的现象和本质。因此，在未来环境统计的应用方面，要求在现有工作的基础上继续一些创新性工作，通过跨领域、跨学科的联合开发更多定性或定量的面向决策者或公众的环境信息应用工具。

从环境保护以外的角度来讲，环境统计应用对于很多其他行业也有越来越重要的支撑作用，特别是经济发展各部门的综合决策已经越来越离不开环境因素的考量。因此，环境统计应用具有广阔的未来发展空间，各个行业在经济社会活动中一定程度上都会触及环境信息的应用。因此，未来的问题是，如何通过制定更加科学和系统的方案将环境信息综合和平衡到经济决策中，或者将经济信息综合到环境信息中。

根据目前环境信息分析工作的需要，环境统计的整体发展趋势是：指标越来越多，覆盖的统计领域越来越全面。除了传统的污染物减排工作需要外，环境统计的工作也越来越多地出现在一些综合决策的应用当中。根据一些国际组织目前工作的重点可以归纳为以下四个方面。

1.5.1 服务可持续发展

可持续发展是一种注重长远发展的经济增长模式，最初于 1972 年提出，是指既满足当代人的需求，又不损害后代人满足其需求的能力，是科学发展观的基本要求之一。可持续发展在大多数国家已经不仅仅是一个理论概念，而是上升到国家战略层面并被列入国家级行动计划甚至是立法的实践。可持续发展和环境问题息息相关，环境质量的好坏本身也是能否实现可持续发展目标的重要考量。环境、经济和社会一直被称为可持续发展的三大要素，并且是国际公认的指导法则。

特别是最近 20 多年，在全球一体化、城市化以及新兴发展中国家迅速发展的大背景下，实现可持续发展被越来越多的国家和国际机构认为是人类发展的唯一选择，而且迫切需要在当前的社会体制和政治制度下有所发展。作为可持续发展的基础，环境保护的重要意义不言而喻。但是可持续发展作为一门交叉学科更多的是需要研究环境保护与经济发展以及社会进步等多领域的交叉影响，因此传统的环境统计在描述这些综合性信息时就力不从心了。因此，在很多研究报告中都出现了“由于缺乏统计数据而不能进行深入分析”的字眼。所以，为了适应新形势的发展要求，国家级的环境统计部门也应该适度纳入部分适合可持续发展研究的统计指标。

可持续发展挂钩的环境统计指标一般包括环境质量、污染物排放等。但是这些指标并不能反映经济对环境施加的压力和资源消耗造成的环境改变。因此，自然资产、水资源、资源消耗率和污染物排放率等在未来环境统计中也是需要考虑的重要指标。因为只有在这些综合性指标统计落实之后才能切实地反映环境问题对可持续发展所造成的巨大压力。

经济合作与发展组织（OECD）是国际上较早倡导科学全面评估可持续发展进度和可持续发展目标完成绩效的国际组织。OECD 每年都会按照环境、经济、社会三大类发布可持续发展指标及其统计结果供成员国参考。OECD 环境核心指标包括：水质量（水资源利用可持续性）、土地使用（土地利用可持续性）、土壤质量（林业、农业发展可持续性）、原材料消耗（原材料回收率和利用率）、原材料质量、生物多样性（生物多样性的可持续度）、自然保护区、空气质量、气候（气候变化相关指标）、能源消耗（能源可持续度）、能源质量（能源供应与结构）等。OECD 每年都会用信号灯打分法对成员国各项指标的完成程度进行打分，然后配合经济和社会部分的评估对可持续发展程度进行全面的评价。

我国的环境统计指标相较于 OECD 的环境核心指标，仍然有大幅度提升和大面积覆盖的空间。将环境统计指标扩充并和可持续发展指标相兼容，为可持续发展评价做数据支持，是我国环境统计未来发展的必然方向。

1.5.2 服务绿色经济

“绿色经济”是近年来国际上一个比较火的名词，目前绿色经济的定义、内涵、发展机制和目标等尚处在研究阶段，许多国家、国际组织和研究机构对绿色经济的内涵认识尚有分歧，特别是发展中国家和发达国家目前对绿色经济的认识还不完全一致。但总体上来讲，绿色经济是以市场为导向、以传统产业经济为基础、以经济与环境的和谐为目的而发展起来的一种新经济形式，是产业经济为适应人类环保与健康需要而产生并表现出的一种发展状态，是实现可持续发展的保障。绿色经济是以效率、和谐、持续为发展目标，以生态农业、循环工业和持续服务业为基本内容的经济结构、增长方式和社会形态。

绿色经济指标和可持续发展指标是紧密联系在一起的，有些指标两者可以共用。但是与可持续发展指标更注重发展协调度、公平程度和可持续性相比，绿色经济指标更注重经济发展和环境改善的效率与效果。目前世界上已有多个国家在国家层面开始建设绿色经济指标评价体系，OECD 和 UNEP 也已经开展了绿色经济指标的制定工作。通过研究国外绿色经济指标的建设和发展情况也可以为我们的环境统计未来建设方向提供一些参考（表 1-4）。

表 1-4 UNEP 与环境有关的绿色经济指标体系

主要指标类别	指标覆盖领域
环境与资源生产率	
碳与能源生产率	二氧化碳排放率 能源生产率
资源生产率	资源生产率 水资源生产率
多因素（multi-factor）生产率	多因素生产率（反应环境服务变化）
自然资产的基础	
可再生存量	淡水资源 林业资源 渔业资源
非可再生存量	矿产资源 土地资源 土壤资源
生物多样性和生态系统	野生物种资源
环境质量与生活	
环境健康与风险	环境健康相关问题及其经济损失 环境风险暴露问题及其相关经济损失

主要指标类别	指标覆盖领域
环境服务与舒适度	饮用水和污水处理的覆盖程度
与环境相关的经济机会和相应政策	
环境产品与服务	环境相关的技术创新 环境服务与产品 环境相关的税务 水价与修复费用

1.5.3　服务气候变化

人类活动产生的温室气体所造成的气候变化越来越成为人类发展中所面临的重要问题，气候变化所带来的环境影响也越来越成为所有导致环境文化因素当中的一个重要问题。《联合国气候变化框架公约》（UNFCCC）第一款中，将“气候变化”定义为：“经过相当一段时间的观察，在自然气候变化之外由人类活动直接或间接地改变全球大气组成所导致的气候改变。”UNFCCC 因此将因人类活动改变大气组成的“气候变化”与归因于自然原因的“气候变化”区分开来。气候变化（Climate Change）主要表现为三个方面：全球气候变暖（Global Warming）、酸沉降（Acid Deposition）和臭氧层破坏（Ozone Depletion），其中全球气候变暖是人类面临的最迫切的问题，关乎人类的未来。

1988 年，政府间气候变化专门委员会（IPCC）由世界气象组织（WMO）和联合国环境规划署联合建立。IPCC 是一个政府间机构，它向 UNEP 和 WMO 所有成员国开放，它的作用是在全面、客观、公开和透明的基础上，对世界上有关全球气候变化最好的现有科学、技术和社会经济信息进行评估。在 IPCC 的带动下，世界上一些主要国家已经意识到气候变化与环境的关系，并且在环境统计和信息领域加入了对气候变化的考量。

在 IPCC 的统计指标中，跟气候变化和环境均有关系的指标包括机动车、工业源、生活源和农业源的温室气体排放。统计口径包括在生产端和消费端，因气候变化导致的极端天气种类及数量、环境和经济损失程度等。这些信息统计的准确性和有效性为评估现阶段气候变化程度和为将来解除气候变化威胁的科学评估提供了数据保障。

虽然我国目前环境部门和能源生产与消费部门的职责有所区分并且不直接统计能源领域的信息，但是由于温室气体具有一般大气污染物的性质，在一般环境统计中加入对温室气体核算的必要指标，可以帮助更准确地掌握温室气体信息，为气候变化政策提供技术支持。

1.5.4　服务于环境健康

环境与人体健康息息相关，环境是决定和影响人体健康的重要因素。环境污染造成的与人体健康相关的经济损失已经在所有由环境造成的经济损失中占有很大比例，环境健康也成为环境保护领域的一大焦点。同时随着人们对环境健康的愈加重视，环境统计工作也应该向着改善环境健康的方向发展。

一般来说，环境引起的健康问题，如疾病、死亡等，都不是一类或一种污染物可以造成的，而是个体在环境中所暴露的有害污染综合作用的结果。在环境健康领域，世界卫生组织（World Health Organization，WHO）一直发挥着前沿作用。首先它收集成员国环境信息和发病情况等健康信息，然后进行科学的评估和判断，并提出有效的预防建议。目前 WHO 对环境健康的研究包括多个领域：室内空气污染、室外空气污染、化学品污染和安全、电磁辐射与健康、儿童环境与健康、突发事件中的环境健康、环境与健康综合评估、气候变化与环境健康以及环境与职业健康等。很多的领域目前并没有明确的规范和确凿的科学证据，但是随着医疗卫生统计以及环境统计的丰富与深入，这些研究领域一定会为科学地判断环境与健康的关系作出结论。

我国环境健康领域的发展尚处于起步阶段，但是对重金属和化学品管理，以及可吸入颗粒物（$PM_{2.5}$）等与公众健康紧密相关的污染物实施监测已经是我国在环境健康领域的一大进步。按照 WHO 的设想，未来环境统计还要对更多的污染物（如持久性有机污染物、挥发性有机污染物、内分泌干扰素等）进行有效统计，这样可以使环境健康的数据收集更加充分，也更方便为科学研究环境与健康的关系做出更多贡献。

第 2 章　环境统计分析的理论框架

与人口和经济统计分析的一个显著区别是，环境统计分析更加强调人为活动与环境问题的关联性。单纯统计污染物产生和排放量既不能反映环境问题的来源，更不能体现其后果，因此，环境统计分析需要综合环境、经济和社会等诸多要素。20 世纪六七十年代，探讨环境问题的一般性分析逻辑就已经引起众多学者的关注，并逐渐建立了一种广为接受的分析模式，即驱动力（Driving）—压力（Pressure）—状态（State）—影响（Impact）—响应（Response）框架（DPSIR），用以分析和解释环境问题与人类活动的关联性。

2.1　驱动力—压力—状态—影响—响应框架

2.2.1　历史沿革

自 20 世纪六七十年代起，人们越来越注意身边不断出现的环境问题，强调环境保护的重要性并开始探索环境问题与人类活动的相互联系。但与当时各个领域的研究专家看待环境问题的眼光和角度有所差别的是，环境保护工作者为了从宏观、逻辑的角度解释任何一般环境问题的诱因、成因、影响、状态以及与人类社会的互动，需要建立一个通用理论模型框架。在这一历史背景推动下，也就敲开了人类在未来 20 多年对建立、统一和完善这一框架所做出的努力。

在任何框架建立之前，科学家们就已经设计出了很多能反映环境问题的指标。从这个角度来讲，环境指标诞生于 DPSIR 框架建立之前，为了应用于该框架中才根据框架内的五大指标进行了分类。

第一个公认的可应用环境指标的框架是压力—响应（Pressure-Response）框架，由加拿大国家统计局（Statistics Canada）的两位科学家 Rapport 和 Friend 在 1979 年的一次国际统计学年会上首次提出。两位科学家的创新性成果包括：第一次定义并区分了环境压力（即作用在生态系统上的压力）和生态系统的状态及响应的不同。一个典型的例子就是，富营养化水域的水藻大量生长并非环境压力导致，而是水藻对于水域中大量营养元素所发生的响应行为。这一框架的出现引起了经济合作与发展组织（OECD）的重视，并被加以利用。在使用该框架之前，OECD 对该框架做了两个比较大的调整：一是将生态系统的状态和响应拆分为两个指标，即建立了“压力—状态—响应”（PSR）框架。二是响应指标只保留社会响应部分，而自然界的响应部分，包括自然修复等则完全删去。PSR 模型的第一次提出收录在 OECD 1991 年的环境报告中。

1995 年，欧洲环境署（European Environment Agency，EEA）发表了一篇报告，首次提出了在 PSR 框架中再加入驱动力（D）指标和影响（I）指标并建立 DPSIR（驱动力—压力—状态—环境影响—响应）框架的设想。但在当时加入 D 和 I 指标只是为了服务和方便环境统计的全面性。

后来随着大型环境模型如国际应用系统分析学会（IIASA）开发的地区空气污染信息与模拟（RAINS）和荷兰公共卫生与环境国家研究院（RIVM）开发的全球环境综合评估模型（IMAGE）的发展，DPSIR 模型被进一步的推广和正式化。在这一过程中，人们对 DPSIR 框架的认知也离不开 EEA 不遗余力地宣传和工作。1995 年以来，DPSIR 先后被收录在 EEA 关于环境评估方法的官方指导文件中，并数次用来在欧洲范围内做各种环境问题的评估工作。

从 2001 年开始，基于 DPSIR 框架 EEA 开始发布环境指标。从这个角度上来讲，DPSIR 框架是 EEA 统一、规范和发展起来的科学模型。

值得一提的是，DPSIR 框架可以灵活运用在不同环境问题下，如涉及环境与人体健康的问题时，DPSIR 可以变为 DPSEEA，其中 Effect、Exposure 和 Action 指标取代了原有的 Impact 和 Response 指标，新的模型也和常见的环境健康问题更加匹配。

2.2.2 主要内容

DPSIR 框架通过系统地分析，从宏观上帮助我们理解社会活动与环境变化的关系。首先，社会和经济的发展被认为是驱动力即环境压力的源泉，它迫使环境状况改变，例如为健康、资源可用性和生物多样性提供的适合条件都在发生改变。这些变化给人类健康、生态系统和自然系统带来可能引发社会响应的影响，而社会响应反过来又会直接影响驱动力、状况或影响。DPSIR 不仅是一个复杂的循环框架，更是一个综合和完整的逻辑框架。其中：

驱动力描述的是社会、人口和经济的发展以及生活方式的相应变化、总体消费水平和生产方式的发展。主要驱动力是人口增长和满足个人需要的活动和发展，这些主要驱动力引起生产和消费总水平的变化。通过生产和消费方面的变化，驱动力对环境施加压力。

压力指标描述的是人类活动对物质（或排放物）、物理和生物制剂的释放及对资源和土地使用的发展。社会施加的压力通过各种自然过程的运输和转化，在环境状态变化中暴露出来。

状态指标描述的是某一区域的物理现象（如温度）、生物现象（如鱼类资源）和化学现象（如大气中 CO_2 浓度）的数量和质量等。例如，状态指标可以描述现存的森林和野生动植物资源数量、磷和硫的摄入浓度或机场附近的噪声水平。

表 2-1　DPSIR 框架

指标类型	指标属性	定义
驱动力	社会经济活动	与人类活动相关的不可持续消费方式和生产方式
	自然干扰	任何自然过程都可能触发污染物释放和/或引起污染
压力	排放清单	排放清单是工业部门产生和释放的实际排放量
	排放物反应	排放物反应可以看作是一系列化学反应后因排放特性改变引起的二次排放清单
	排放物流向	排放压力强度部分取决于排放物流向
状态	基本账户	基本账户用于描述在储备和流量（表面、体积、长度等）一定的情况下无生命世界中的环境组成部分（空气、水、土壤等）
	生态系统潜力	生态系统潜力是指无生命世界，包括生物多样性、植被、土壤生物和水生生物
影响	直接损失	可用经济价值衡量
	间接损失	不可用经济价值衡量
响应	经济响应	改变消费方式和生产方式的经济手段（如投资、补贴、营销等）
	管理响应	与驱动力或压力有关的、用于调节和减小环境压力的技术、社会、法规、立法和其他管理工具

环境压力会引起环境状况发生改变。这些变化会影响环境的功能，如损害人类和生物系统健康、降低资源可用性、造成资本损失和降低生物多样性。影响指标用于描述这些状态的变化。

响应指标是指社会团体（或个人）的响应以及政府预防、补偿、改善或适应环境状态变化的尝试。

通过一个或多个环境问题将驱动力—压力—状态—影响和响应指标联系在一起，便构成了一条完整的用于系统解释和分析环境问题的逻辑链。

2.2　应用概况

从国际层面来看，环境统计分析主要以构建环境指标的形式来体现，以 OECD 和 UNEP 为代表的国际组织普遍基于 DPSIR 或 PSR 框架来设计或编制满足不同目标需求的指标体系。如环境压力预警、环境绩效评估和环境脆弱性评价及安全预警等。

2.2.1　OECD 的全面环境指标

20 世纪 80 年代，OECD 着手开发环境指标，用压力—状态—响应框架组织有关环境问题的指标。之后，OECD 在 PSR 框架的基础上提出了全面环境指标（Comprehensive Environmental Indicators，CEI）、关键环境指标（Key Environmental Indicators，KEI）、部门环境指标（Sector Environmental Indicators，SEI）和缓解环境指标（Decoupling Environmental Indicators，DEI）4 个指标体系。OECD 的工作重点是利用包含在 OECD 全面环境指标体系中的关键环境指标来评价环境进程，并结合其他部门的环境指标，把环境问题纳入部门综合决策。同时，从环境核算中得出的指标用来衡量环境压力与经济增长的缓解程度。

其中，CEI 基于压力—状态—响应（PSR）模型，用于跟踪环境进展和所涉及的主要因素，并在指标分析的基础上开展相应的环境政策分析。CEI 从土地、森林、动植物、水、大气、废物和噪声 7 个方面进行统计，约包括 50 个指标，指标内容见表 2-2。这套指标普遍为 OECD 成员国所接受和采纳，并定期出版。

表 2-2　OECD 全面环境指标体系

分类	统计大类	具体统计指标
气候变化	CO_2 排放强度	单位 GDP CO_2 排放量；人均 CO_2 排放量；CO_2 排放总量；OECD 国家排放量占世界总排放量的比例；OECD 国家 CO_2 排放结构（按交通、工业、能源和其他分类）；能源消耗 CO_2 排放量变化趋势（1980 年至今）；单位 GDP CO_2 排放量变化趋势（1980 年至今）；OECD 国家能源供应中化石燃料的份额；单位 GDP 化石燃料利用量
	温室气体排放	OECD 国家温室气体排放总量及变化趋势（1990 年至今）；单位 GDP 温室气体排放量及变化趋势（1990 年至今）；人均温室气体排放量及变化趋势（1990 年至今）
	温室气体浓度	UNFCCC 下的气体控制情况；《蒙特利尔议定书》下的气体控制情况（消耗臭氧层物质）
臭氧层破坏	破坏臭氧层物质	氯氟烃（CFCs）和哈龙（Halons）的消耗量（1986 年至今）；氟氯烃（HCFCs）和溴代甲烷（Methyl bromide）的消耗量（1986 年至今）；氯氟烃消耗量及变化趋势（1989 年至今）；哈龙消耗量及变化趋势（1989 年至今）；氟氯烃消耗量及变化趋势（1989 年至今）；溴代甲烷消耗量及变化趋势（1989 年至今）；总的破坏臭氧层物质消耗量；人均破坏臭氧层物质消耗量；总的破坏臭氧层物质产生量；人均破坏臭氧层物质产生量
	平流层臭氧	选定城市的臭氧柱总量变化趋势（1979 年至今）
大气质量	大气污染物排放强度	单位 GDP 硫氧化物（SO_x）排放量；人均硫氧化物排放量；硫氧化物排放总量及变化情况（与 1990 年相比）；化石燃料供应变化（与 1990 年相比）；GDP 变化（与 1990 年相比）；硫氧化物排放量变化趋势（1990 年至今）；单位 GDP 氮氧化物（NO_x）排放量；人均氮氧化物排放量；氮氧化物排放总量及变化情况（与 1990 年相比）；氮氧化物排放量变化趋势（1990 年至今）
	城市空气质量	选定城市中 SO_2 和 NO_2 浓度年平均值变化趋势（1990 年至今）

分类	统计大类	具体统计指标
固体废物	废物产生	人均生活垃圾产生量；垃圾填埋场处置比例；单位 GDP 工业固体废物产生量；人均核废物产生量；单位 GDP 危险废物产生量；人均生活垃圾产生量变化情况（与 1990 年相比）；其中人均居民家庭产生量；人均私人最终消费支出及变化情况（与 1990 年相比）；生活垃圾处置方式比例（按回收、焚烧、填埋分类）；制造业固体废物产生量及单位 GDP 产生量；核废物产生总量；危险废物产生总量；危险废物跨境流动量（出口—进口）；国家管理的危险废物总量
	废物回收	纸制品回收率及绝对变化率（与 1990 年相比）；玻璃制品回收率及绝对变化率（与 1990 年相比）
水资源质量	河流水质	OECD 国家重要河流溶解氧年平均含量；OECD 国家重要河流硝酸盐年平均含量
	废水处理	污水处理和污水处理管网覆盖率；污水处理管网覆盖率变化趋势（1980 年至今）；公共污水处理设施处理污水比率，其中，二级处理比例，三级处理比例（1980 年和 21 世纪数据）；污水处理中公共支出总额（其中，投资比例份额）
水资源	水资源利用强度	人均淡水年抽取量以及相对于 1980 年的变化情况；占总水资源的百分比；占内陆水资源的百分比；抽取的淡水主要用途利用量（包括灌溉、市政供应、其他，如工业、能源等）；抽取量占可利用水资源量的比例以及相对于 1980 年的绝对变化率；单位面积灌溉土地的水资源抽取量；灌溉土地中耕地比例以及相对于 1980 年的变化情况
	市政水供应及价格	人均市政水供应抽取量；主要城市的水价；所选择城市的居民家庭市政淡水供应平均价格
森林资源	森林资源利用强度	森林资源利用强度（采伐量占年增长量的比例）；森林产品产量占国家出口货物的比例
	森林和林地	森林和林地资源占土地面积的百分比（最新年份）；1970 年、1980 年和最新年份的森林和林地资源面积变化趋势
鱼类资源	国家捕鱼量和消费量	在海洋和内陆水域捕鱼总量占世界捕鱼量的比例及变化趋势(以 1980 年为基准，1980 年至今）；1980 年和当前人均鱼类消费量
	世界和地区捕鱼量和消费量	捕鱼量变化趋势（1980 年至今，OECD 国家和非 OECD 国家比较）；1979—1981 年和 2001—2003 年捕鱼量情况比较（OECD、欧盟 15 国、欧洲非 OECD 国家和北美）；主要海洋捕鱼区的渔获量及变化情况（与 1979—1981 年相比）；世界海洋鱼类资源的阶段渔业发展比例（恢复期、衰退期、成熟期、发展期和未成熟期）；主要海洋捕鱼区的渔获量占世界捕鱼总量的比例（1979—1981 年和 2001—2003 年）；主要海洋捕鱼区鳕鱼、鲱鱼、沙丁鱼、凤尾鱼，其他中上层鱼类，金枪鱼、鲣鱼、长喙鱼等捕获量及变化情况（与 1979—1981 年相比）；人均鱼类资源捕获量及变化情况（与 1979—1981 年相比）；占世界捕获总量的比例；海洋捕获量占世界渔获总量的比例；人均鱼类资源消耗量及变化情况（与 1980 年相比）
生物多样性	濒危物种	OECD 国家哺乳类动物、鸟类动物、维管束植物占已知物种的比例；OECD 国家哺乳类动物、鸟类、鱼类、爬行动物、两栖动物、维管束植物已知物种数量及濒危物种比例
	保护区	总的保护区域占国家领土的比例；世界自然保护联盟（IUCN）主要分类保护区占总的保护区域的比例；主要保护区数量、面积、占国土比例和人均占有量；严格自然保护区、原野地、国家公园的数量、面积、占国土比例和人均占有量

KEI 是在全面环境统计指标基础上开发的 10 个关键环境指标，旨在满足与公众沟通、交流服务的需求，并向公众和政策制定者提供关键信息。该指标体系基础数据来源于 OECD 资源环境信息系统（SIREN）数据库，与 OECD 制定和使用的其他环境指标也密切相关。该指标涉及气候变化、臭氧层、大气质量、废物产生、水资源、森林资源、鱼类资源、能源资源和生物多样性 10 个方面。

DEI 主要衡量在某一特定时期内环境压力与经济增长的缓解程度；在 OECD 国家的政策分析和评估中该指标与其他指标结合使用，并在确定国家贸易能否实现可持续发展方面是一个有效的工具。缓解指标主要包括以下两种类型：宏观层面缓解指标和特定行业缓解指标。

SEI 采用 PSR 模型的概念框架，各部门根据具体情况进行调整，关注环境与经济可持续发展的关系。由环境核算产生的指标用于将环境问题纳入经济和资源管理综合决策，重点包括环境支出账户、与自然资源可持续管理相关的自然资源账户，以及与物质资源使用效率和生产力有关的物质流账户。

2.2.2 环境压力指数

环境压力指数是欧盟统计部门正在开发的一个项目（其他国家和国际组织还没有做这方面的研究），用来全面描述人类活动对环境产生的消极影响。环境压力指数描述的是对环境有害的人类活动，比如有毒物质排放、江河污染、渔业资源的过度使用、交通噪声等等。欧盟最近出版的一份包含 60 个环境压力指标的出版物，介绍了环境压力指数项目的最初成果。该出版物的内容是科学顾问小组（SAG）的专家们按照三个质量标准（政策相关性、分析全面性和反应能力）给指标序列排队，取其前 60 个指标（表 2-3）。

表 2-3 欧盟环境压力指数名称

指标	类别	类别	指标
NO_x 排放量 NMVOC 排放量 SO_2 排放量 悬浮颗粒排放量 公共交通工具柴油和汽油消费量 初级能源消费量	空气污染	资源损耗	水消费量 能源使用量 城市化造成的永久性占用土地增加量 土壤营养差额 石化燃料电力生产量 木材差额
CO_2 排放量 CH_4 排放量 N_2O 排放量 CFCs 排放量 NO_x 排放量 SO_x 排放量	气候变化	有毒物质排放	农业杀虫剂消费量 POPs 排放量 有毒化学药品消费量 排入水中的重金属指数 排入空气中的重金属指数 放射性物质排放量
保护区减少、破坏和分裂 排水造成的沼泽地面积减少 农业强度	生物多样性降低	城市环境问题	能源消费量 非再利用的城市废物 未处理的废水

公路/十字路口造成的森林和风景区分裂 自然和半自然森林区域的距离 传统土地使用习惯的改变	生物多样性降低	城市环境问题	私人小汽车的交通份额 噪声危及的人群 从自然用地变成高楼林立区的土地使用变化
超营养作用 过度捕捞 沿海开发 重金属排放量 海岸及海洋的油污费情况 卤化有机成分排放量	海洋环境和沿海地区	废物	垃圾掩埋量 垃圾焚烧量 危险废物产生量 城市废物产生量 大量生产的每个产品产生的废物量 废物再利用/原料恢复
卤素灭火剂排放量 CFCs 排放量 HCFCs 排放量 航行器排放的 NO_x 量 碳氧化物排放量 CH_3Br 排放量	臭氧层损耗	水污染和水资源	营养物质的利用 地表水提取 农业用地每公顷杀虫剂使用量 农业用地每公顷氨使用量 治理水量/收集水量 BOD 排放量

2.2.3　环境可持续指数

环境可持续指数（ESI）是美国耶鲁大学、哥伦比亚大学和世界经济论坛按照 21 个环境可持续发展指标对国家和地区进行评估排序的结果。2002 年，第一次发布环境可持续发展指数；在全球 142 个国家和地区中，中国位居第 129 位，全球倒数第 14 位。2005 年，第二次发布环境可持续指数；在全球 146 个国家和地区中，中国位居第 133 位，也是全球倒数第 14 位。由此可见，中国改革开放以后 37 年的经济发展付出了非常高昂的环境代价。环境可持续指数的具体指标见表 2-4。

表 2-4　耶鲁大学等的环境可持续指数

组成部分	指标编号	指标
生态环境质量状况	1	大气环境质量
	2	生物多样性
	3	土地资源
	4	水环境质量
	5	水资源量
对资源环境管理所做的努力	6	空气污染减少
	7	生态压力下降
	8	人口压力下降
	9	固体废物排放减少
	10	水资源压力下降
	11	自然资源管理加强
环境与人类关系的改善	12	环境与健康状况
	13	人类生存的基本环境
	14	减少环境相关的自然灾害

组成部分	指标编号	指标
社会提高环境治理的能力	15	环境管理制度
	16	生态效率水平
	17	私人部门反应
	18	科学技术水平
对解决全球环境问题所做的贡献	19	国际合作参与水平
	20	温室气体减排
	21	削减跨境环境污染带来的压力

另外，联合国等主要国际组织针对其所关注的主要环境问题，设计出各种不同的环境指标体系。例如，可持续消费和产品指标以及环境可持续发展指数（Environmental sustainability indicator，ESI）、环境绩效指数（Environmental performance indicator，EPI）、环境脆弱指数（Environmental vulnerability index，EVI）和生物多样性综合指数等，其研究结果为其他国家开展环境指标研究工作提供了支撑，见表 2-5。

表 2-5 其他国际组织环境指标情况

组织机构	环境指标负责机构	环境指标情况
欧盟	欧洲环境署、欧洲资源和废物管理事务中心	可持续消费和产品指标
联合国欧洲经济委员会	环境监测与评估工作组、欧洲统计协商会	报告环境现状、出版依照指标指南中的指标编写的环境统计概要
联合国环境规划署/早期预警和评价部	联合国环境规划署	全球环境展望（GEO）中的环境指标；ESI、EPI、EVI、生态足迹、环境账户、生物多样性指数、国际实验室认可合作组织（ILAC/SD）指标

第 3 章　环境指标分析方法

3.1　指标分析的理论框架

从国际层面看，最初主要基于 PSR 框架描述环境问题与人类经济社会发展之间的关联（图 3-1）。DPSIR 系统提出后，逐渐替代 PSR，成为国际上主流的统计分析框架并沿用至今。DPSIR 系统能够从宏观上帮助人们理解社会活动与环境变化的关系。人类的生产和消费行为被定义为驱动力，也是造成环境压力的源头。由于人类的生产和消费活动产生污染物，并将之排放入环境，迫使环境状况发生改变，这些变化反过来又对人类健康、生态系统和自然系统产生影响，而政府和社会为缓解或消除其不利影响，必须做出及时和恰当的反应或响应，包括立法、制定标准和政策等。针对其所面临的具体问题，政府和社会响应措施的对象既可以作用于驱动力环节，通过对生产和消费行为的调整来缓解环境压力；也可以直接作用于压力环节，通过工程措施治理环境污染，或者通过生态修复和直接经济补偿等手段，补偿受损主体。因此，DPSIR 构成了一个完整的理解人类行为和环境问题及其相互关联的逻辑框架（图 3-2）。

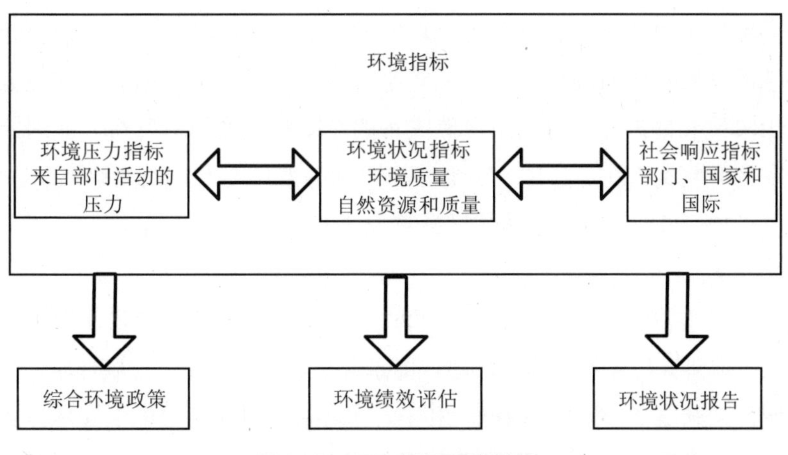

图 3-1　PSR 框架环境指标

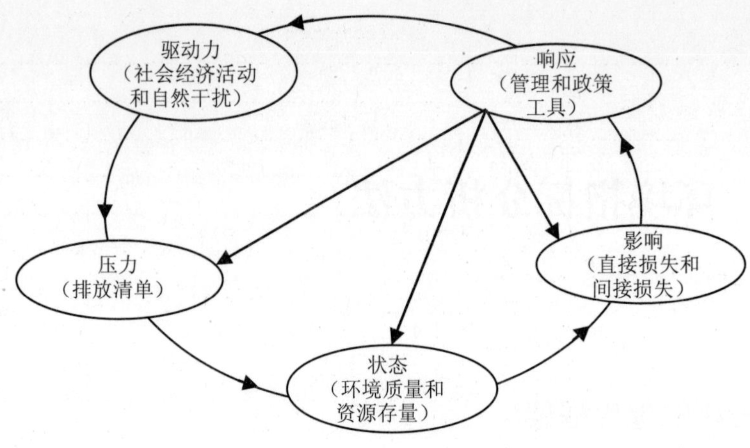

图 3-2 DPSIR 框架的组成

3.2 基于 DPSIR 的统计分析指标构成

根据 DPSIR 理论框架的组成，以下分别从驱动力、压力、状态、影响和响应五个方面提出进行环境统计分析的基本框架。

（1）驱动力因素

是指人类的生产经营活动和消费活动的规模及强度，同时也包括一些自然的突发性因素，如地震、海啸和火山喷发等。从总体上看，人类活动是造成目前全球环境问题的根源。从驱动力的构成看，可以将其划分为三类。①经济活动的规模和强度，具体指标包括国内生产总值，单位国内生产总值的要素投入（包括水、土地和能源等）；其中，重污染行业如电力、钢铁、水泥、造纸、印刷和重金属制造等对环境问题的影响更为严重。②人口消费的规模和强度，主要通过人口总数和人均能源、资源及产品的消费量来反映。从目前来看，不可持续的消费模式对环境问题的加重起着越来越重要的作用。③自然因素的干扰，具体包括火山喷发和地震等，可以用自然灾害的频率和强度指标反映。从短期来看，自然干扰对环境的影响极为有限，尤其是在全球和国家等大尺度上，自然因素的干扰并不明显。驱动力方面共选取了 18 个指标，具体指标见表 3-1。

（2）环境压力

主要用来反映经济和人类消费行为的直接后果，即污染物排放量的增加、累积和资源存量的变化等。本研究按照不同介质环境，即水环境、大气环境、土壤环境、生物环境和声环境五大领域，共选取 28 个压力指标。其中，水环境领域主要选取了废水排放量，以及废水中的污染物如化学需氧量、氨氮、总氮、总磷的排放量及其入河、入海量等 8 个指标；大气环境领域主要选取了二氧化碳、二氧化硫、氮氧化物、烟尘和汞排放量 5 个指标；土壤环境和生物环境方面各选取了 7 个指标，声环境方面选取了 1 个指标，具体指标见表 3-2。

表 3-1 驱动力指标

一级指标	二级指标	三级指标	
		指标	单位
驱动力	经济活动规模和强度	国内生产总值	亿元
		污染物高排放行业增加值	亿元
		地表水资源利用量	亿 m^3/a
		地下水资源抽采量	亿 m^3/a
		单位国内生产总值水耗	m^3/万元
		单位国内生产总值占用土地面积	hm^2/万元
		单位国内生产总值能耗（以标煤计）	t/万元
		单位工业增加值物质投入总量	t/万元
	人口消费规模和强度	人口总数	亿
		城市化率	%
		人均水资源消费量	m^3/人
		人均能源消费量（以标煤计）	t/人
		人均畜产品和水产品消费量	kg/人
		人均住房面积	m^3/人
		千人汽车保有量	辆/10^3 人
		绿色消费支出占总消费支出比例	%
	自然干扰	地震发生频率和强度	—
		自然富营养化频率和强度	—

表 3-2 环境压力指标

一级指标	二级指标	三级指标	
		指标	单位
	水环境	废水排放量	t
		畜禽粪便产生量和排放量	t
		化肥和农药使用量	t
		化学需氧量（COD）排放量	t
		化学需氧量（COD）入河量	t
		总氮（TN）排放量	t
		总磷（TP）排放量	t
		陆源污染物（TP、TN）入海量	t
	大气环境	二氧化碳（CO_2）排放量	t
		二氧化硫（SO_2）排放量	t
		氮氧化物（NO_x）排放量	t
		烟尘排放量	t
		汞（Hg）排放量	t
	土壤环境	工业固体废物产生量	t
		危险废物产生量	t
		农村生活垃圾产生量	t
		城镇生活垃圾产生量	t
		畜禽粪便排放量	t
		受污染场地面积	hm^2
		污水灌溉耕地面积	hm^2

一级指标	二级指标	三级指标	
		指标	单位
	生物环境	林木超采量	m^3
		森林病虫害发生率	%
		草地超载率	%
		天然湿地面积比例	%
		生物多样性指数	
		海洋水产品捕捞强度	%
		核电站数量	座
	声环境	噪声污染信访案件数	件

（3）环境状态

主要用来表现环境质量的下降、资源存量的减少和品质的下降，以及生物多样性的减少等。本研究按照不同介质环境，即水环境、大气环境、土壤环境、生物环境和声环境五大领域，共选取了 23 个指标。其中，水环境领域主要选取了全国地表水监测断面劣于Ⅴ类和好于Ⅲ类的比例及饮水达标率等 5 个指标；大气环境领域主要选取了主要污染物浓度、酸雨发生频率等 6 个指标；土壤环境领域主要选取了荒漠化、水土流失和盐碱化土地面积比例等 4 个指标；生物环境领域主要选取了森林覆盖率、草地退化率等 7 个指标；声环境领域主要选取了城市区域声环境质量较好城市的比例指标来综合反映声环境状况。具体见表 3-3。

表 3-3　环境状态指标

一级指标	二级指标	三级指标	
		指标	单位
状态	水环境	全国地表水监测断面劣于 V 类的比例	%
		全国地表水监测断面好于 III 类的比例	%
		城市集中式饮用水水源水质达标率	%
		农村饮用水达标率	%
		海洋赤潮发生频次	次
	大气环境	空气质量在二级以上区域的人口比例	%
		重点城市平均阴霾天数比例	%
		重点城市年均小时臭氧浓度	g/m^3
		年均氮氧化物（NO_x）浓度达到 II 级以上城市比例	%
		年均可吸入颗粒物（PM_{10}）浓度达到 II 级以上城市比例	%
		酸雨发生频率	%
	土壤环境	荒漠化土地面积比例	%
		水土流失土地面积比例	%
		盐碱化土地面积比例	%
		受污染国土面积比例	%

一级指标	二级指标	三级指标	
		指标	单位
状态	生物环境	森林覆盖率	%
		草地退化率	%
		列入保护区的湿地面积比例	%
		外来物种入侵面积比例	%
		濒危物种数量	个
		辐射环境质量达标率	%
		污染源周围辐射环境达标率	%
	声环境	城市区域声环境质量较好城市比例	%

（4）环境影响

主要是指环境质量改变对人体健康、生态系统及经济社会造成的损失。共包括 11 个指标，其中人体健康方面主要选取了因污染导致肠道和呼吸道疾病发生率 2 个指标；生态系统选取了森林和草地面积减少、土壤微生物变化和濒危物种消失 3 个指标；经济社会方面选取了各种污染事故造成的经济损失，包括直接经济损失和间接经济损失，共选取了 6 个相关指标。具体的环境影响指标见表 3-4。

表 3-4　环境影响指标

一级指标	二级指标	三级指标	
		指标	单位
影响	人类健康	污染导致的肠道和呼吸道疾病发生率	%
		累积性污染对人体免疫系统的损害	例
	生态系统	土壤微生物死亡	种
		森林和草地面积减少	hm^2
		濒危物种消失	种
	经济社会	空气能见度降低（烟雾）引发交通事故造成的损失	万元
		酸雨造成建筑材料、雕塑和纪念碑损坏	万元
		酸雨造成金属（铜、青铜等）制成的铸像或其他不可替代材料损坏	万元
		污染造成旅游业吸引力下降造成的经济损失	万元
		污染造成的农业和渔业减产损失	万元
		污染导致疾病带来的误工损失	万元

（5）环境响应

主要是指政府为缓解环境压力、改善环境质量、降低负面的环境影响等所采取的具体措施，这些措施既可以用直接投入如环保投资、污染治理设施建设规模等指标反映，也可以通过污染治理设施运转效率和污染治理效率如达标率、综合利用率等指标反映。同时，政府的环境响应还包括与污染减排有关的法律、规范和标准和技术导则等文件的制定和发布，以及在财政、税收、金融和信贷方面给予特殊政策和奖励等。为了更为直观地表达这些政策的效果，在环境响应类指标的选择上，主要考虑环境投入和环境监管能力建设两大方面，共 14 个指标。其中，在环境投入方面，主要选取了污染治理投资、运行费用占 GDP 比例和污染减排三大体系（监测、统计和考核能力建设的投资总额）3 个指标。在监管能力建设方面，主要从人员能力、污染治理设施建设和运行效率、淘汰的落后产能、在线监测设施稳定联网比率，以及环境信访和公众满意度等方面选取了 10 个指标，具体见表 3-5。

表 3-5 环境响应指标

一级指标	二级指标	三级指标	
		指标	单位
响应	环境投入	环境污染治理投资占国内生产总值比例	%
		环境污染治理运行费用占国内生产总值比例	%
		污染减排三大体系建设投入	亿元
	环境监管能力建设	基层环境保护机构人员数量	人
		工业废水治理设施全年平均运行率	%
		污水处理厂治理设施全年平均运行率	%
		电力行业综合脱硫效率	%
		淘汰的落后产能	亿元
		国家重点监控企业在线监测设施稳定联网比例	%
		环境信访处理比例	%
		辐射环境监测网覆盖率	%
		排污费解缴入库金额	万元
		公众对环境的满意率	%

3.3 环境指数分析

3.3.1 环境指标和指标组合分析

依据 DPSIR 理论框架和建立的评价指标，可以根据不同主体对环境信息的需求，选择不同的指标、指标组合或者综合型指数进行分析。按照环境统计分析综合性程度的高低，可以分别选取指标、指标组合、综合指数等开展分析。

对于环境统计分析来讲，除了应用上述单一指标进行描述以外，也可以通过不同指标的组合进行分析。比如，可以将驱动力指标中的工业增加值与压力指标中的 COD 排放量结合，计算单位工业增加值 COD 排放强度，不仅能反映企业污水治理水平，也能间接反映企业生产技术水平，推荐的组合分析指标见表 3-6。

表 3-6　一些推荐的组合分析指标

类别	政策效果指标	功能
独立描述性指标	响应	衡量政府工作努力情况
	状态	检查环境质量改善情况
	压力	衡量环境压力变化情况
组合描述性指标	响应—压力	衡量减排目标实现程度
	响应—状态	衡量环境质量是否得到改善
	压力—驱动力	衡量经济结构是否得到优化

3.3.2　环境指数的概念和作用

统计指数有广义和狭义之分。从广义上讲，统计指数是指同类事物变动程度的相对数，包括动态相对数、比较相对数和计划完成相对数等，即所有的动态比较指标；从狭义上讲，统计指数是指能综合反映多种不同事物在不同时间上的总变动的特殊的相对数，即用来综合说明那些不能直接相加或对比的复杂社会经济现象的变动情况。实际上，指数是指标的一种。

环境指数是反映环境经济现象数量变化的一种特殊统计方法，是环境经济现象变化的重要测度指标，一般认为其作用有三个方面：

（1）分析复杂环境经济现象总体的变动方向和程度

在环境经济现象研究中，性质不同的多种现象不能直接加总，若要反映其综合或总体变动方向和程度，一般动态相对数常常显得无能为力。通过指数形式，引入媒介变量（同度量因素）就可以将各种性质不同的因素转化为可直接进行分析的数量。

（2）分析各种不同因素对环境现象总体变动的影响强弱

环境状况等现象的数量变化往往受多种因素的影响，指数可以测定某一环境现象变动中各种构成因素的影响效应，即能测定出各个因素对研究对象总变动产生影响的方向、程度及绝对值。

（3）进行有关推算和多指标综合评价

将相互关联的指数数列进行比较，观察、分析各现象之间的变动关系和趋势。由于环境状况等现象本身的复杂性，单独用某一个或某一方面的指标难以实现对现象总体的全面测度。指数法可以对多指标的变动进行系统的描述和多角度分析。某研究对象各有关指标组成指数体系，并给予不同的统计指标指数不同的权数，经过标准化和功效系数法等统计处理后，就得到一个综合指数。此综合指数可以用来反映和衡量研究对象的实现程度，以及地区间的对比。

3.3.3 环境指数的分类

对环境统计指数进行分类是为了更好地理解其编制方法和应用场合，从不同的角度可以对环境统计指数进行不同的分类。

（1）按对象范围的不同，可分为个体指数和总指数

个体指数是反映个别环境经济现象的变动或差异程度的相对数，如某个污染物排放量指数、某行业的单个污染物排放量指数、单个污染物的治理成本指数等都是个体指数。总指数是反映多个个体或多个项目构成的总体数量综合变动的相对数，如某行业的污染物排放量总指数、污染治理投资总指数、污染物治理成本总指数等都属于总指数。总指数是反映特殊总体变动或差异程度的相对数，是我们要特别研究的指数。

介于总指数与个体指数之间的指数称为组指数，它是指总体中某一组或某一类环境现象发展的相对数，如对不同行业类别编制某类污染物的治理成本指数，按照不同工业生产部门编制不同行业的污染物产生量、排放量指数等。组指数可以更深入地反映环境现象的发展动态，发现某一总体现象各个部分发展的规律性。本部分研究的主要是总指数。

（2）按经济指标性质的不同，可分为数量指标指数和质量指标指数

根据数量（以总量或绝对数形式出现）指标编制的指数称为数量指数或物量指数，该指数可以反映环境经济现象的规模或程度的变动，如污染物排放量指数、污染物去除量指数等。质量指标指数是反映环境经济现象的相对水平或平均水平变动程度的指数，如污染治理投资指数、单位污染物治理成本指数等。

（3）按时间的不同，分为动态指数和静态指数

动态指数是同类环境经济现象在两个不同时间上的数量对比结果，又称为时间指数。用于研究环境经济现象统计的指数大多属于动态指数。动态指数按时间长短和重要程度不同，可分别按月、季或年进行编制，形成指数数列。最初的指数都是动态指数，随着指数的研究范围和应用领域的逐步扩大，产生了静态指数。静态指数主要包括空间指数（或区域指数）和计划完成程度指数两种。空间指数是同一时间不同空间的同类环境经济现象数量对比的相对数，反映同类环境经济现象在不同空间或不同区域的差异程度。如两家处于不同地区（北京与成都），但在对处理同一种污染物的企业进行单位污染治理成本的对比时，所得到的指数就属于空间指数。计划完成程度指数是指利用总指数的方法，将计划任务的实际数与计划数进行对比，以综合反映计划完成情况的指数，如为了综合反映某企业某污染物总量减排计划完成情况，需要计算污染物总量减排计划完成程度指数。静态指数是动态指数的扩展，其计算原理和方法与动态指数基本相同，本部分讨论的主要是动态指数的编制和应用。

（4）按对比基期的不同，分为定基指数和环比指数

动态指数按基期的不同，又分为定基指数和环比指数。在介绍这两类指数之前，需要

先了解指数数列的概念，将某种指数按时间的先后次序加以排列，就形成指数数列。在指数数列中，各期指数都以某一固定时期作为对比的标准（统计上一般称作基期），这样的指数被称为定期指数，用以说明现象在较长时间内的变化趋势和程度。

如果各期指数都以其前一期为基期，则称为环比指数。环比指数用以说明现象逐期变动的趋势和程度。

3.3.4　实用环境指数的编制

3.3.4.1　环境污染治理指数

环境污染治理指数用以反映科技进步在促进环境保护方面的作用，综合反映区域治理环境污染的力度和效果。考虑统计和计算方便，在具体计算时，主要考虑工业废水、工业废气和固体废物的综合治理率等主要反映环境治理的指标，其计算方法为：

环境污染治理指数=工业废水排放达标率×0.5+工业废气治理率×0.3+固定废物综合治理率×0.2

=（工业废水处理排放达标量/工业废水排放总量）×100%×0.5

+（工业二氧化硫去除量/工业二氧化硫总生成量）×100%×0.1

+（工业烟尘去除量/工业烟尘总生成量）×100%×0.1

+（工业粉尘去除量/工业粉尘总生成量）×100%×0.1

+（工业固体废物综合利用量+工业固体废物处理量）/工业固体废物产生量×100%×0.2

式中，0.5、0.3、0.2 为权重，该权重比例和指标所包含的具体评估内容应随着经济发展以及环境保护的新要求而变化。该指标用于区县评估时，中心城区和郊区应有所区别。

3.3.4.2　弹性指数

能源的消耗、污染物的排放与很多经济现象存在着相互依存和相互制约的数量关系。为了研究和剖析某地区经济发展与能源消耗及环境污染的相关程度，引入能源弹性系数与环境弹性系数的概念。

能源弹性系数=能源消费变动百分比/工业总产值变动百分比

环境弹性系数=污染物排放量变动百分比/工业增加值（或 GDP）变动百分比

能源及环境弹性系数表示的经济学意义是：经济每变动 1%，能源消费或者环境污染变动的百分比。弹性系数代表了经济增长对能源消费及环境污染的敏感程度。弹性系数越小，表示经济增长所依赖的能源消费和环境污染程度越低。

根据弹性系数的经济学定义，能源环境弹性系数有以下四种状态：

（1）可持续状态，即经济持续增长，而能源消耗和环境压力的增长呈现越来越慢的趋势，甚至出现拐点并呈现下降趋势。在这种状态下，能源和环境弹性系数非常小；

（2）促进状态，即经济增长与能源消耗、环境压力出现不同的增长趋势，经济增长较快，而能源消耗和环境压力的增长相对较低。在这种状态下，能源和环境弹性系数均小于 1；

（3）同步状态，即经济与能源消耗、环境压力同步增长，这是传统的发展模式。在这种状态下，能源及环境弹性系数等于或约等于 1；

（4）破坏状态，是传统的经济增长方式，即经济增长以能源消耗和环境污染为代价。在这种状态下，能源及环境弹性系数大于 1。

3.3.4.3 基尼系数

（1）计算方法

基尼系数是经济学上的一个概念，由意大利经济学家基尼根据洛伦兹曲线提出，用于比较收入分配的公平性，现已在很多领域得到普及与应用。在国内，自从 2006 年吴悦颖等将基尼系数引入污染负荷分摊，提出了基于基尼系数的水污染负荷分配方法。基尼系数在资源环境分配、污染物负荷分配或总量分配领域应用广泛。

基尼系数的计算方法有多种。这里选用简单实用的梯形面积法计算，计算公式为：

$$G_j = 1 - \sum_{i=1}^{n}(X_{ij} - X_{i-1,j})(Y_i + Y_{i-1})$$

式中，G_j——基于某个指标 j 的基尼系数；

X_{ij}——第 i 个分区第 j 个指标的累计比例；

Y_i——第 i 分区排放或分配的污染物量的累计比例，$i=1$，2，…，n；$j=1$，2，…，m；当 $i=1$ 时，$X_{i-1,j}=0$，$Y_{i-1}=0$。

按照国际上的标准，基尼系数合理的界定范围为 0～0.4。通常把 0.4 作为收入分配差距的警戒线，参考国内学者研究成果，本书中基尼系数的范围为：

$$\text{基尼系数}\begin{cases} G<0.2 & \text{高度平均} \\ 0.2\leqslant G<0.3 & \text{比较平均} \\ 0.3\leqslant G<0.4 & \text{相对合理} \\ 0.4\leqslant G<0.5 & \text{差距较大} \\ G\geqslant 0.5 & \text{差距悬殊} \end{cases}$$

（2）计算实例

以基尼系数在污染物排放绩效评价中的应用为例，表 3-7 和表 3-8 分别从区域和行业产业角度对主要污染物排放评价指标的基尼系数的构建进行了界定。

表 3-7 区域主要污染物排放评价指标的选取

选取原则	污染物分配指标	选取原因
公平性原则	人口—COD 环境基尼系数	反映资源分配社会公平性的重要因子，体现了人均污染物排放的差异
	人口—NH_3-N 环境基尼系数	
	人口—SO_2 环境基尼系数	
	人口—NO_x 环境基尼系数	
效率性原则	GDP—COD 环境基尼系数	GDP—污染物环境基尼系数能反映环境资源利用的程度，值越小则对资源利用度越高，反之越低
	GDP—NH_3-N 环境基尼系数	
	GDP—SO_2 环境基尼系数	
	GDP—NO_x 环境基尼系数	
水环境承载力原则	水资源总量—COD 环境基尼系数	由于区域环境容量核算结果的不确定性，这里以水资源量和幅员面积反映水和大气环境承载力
	水资源总量—NH_3-N 环境基尼系数	
大气环境承载力原则	幅员面积—SO_2 环境基尼系数	
	幅员面积—NO_x 环境基尼系数	

表 3-8 行业产业结构主要污染物排放评价指标的选取

选取原则	污染物分配的环境基尼系数	选取原因
效率性原则	新鲜用水量—COD 环境基尼系数	新鲜用水量的大小反映人类用水量，其值越小则自然界水量越充足，水体的自净能力越好
	新鲜用水量—NH_3-N 环境基尼系数	
	工业总产值—COD 环境基尼系数	工业总产值—环境基尼系数越大，则获得的较小经济利益是以大量环境污染为代价；相反，则是减少了环境污染而获取较大的经济价值
	工业总产值—NH_3-N 环境基尼系数	
	工业总产值—SO_2 环境基尼系数	
	工业总产值—NO_x 环境基尼系数	

各污染物—指标排放现状的洛伦兹曲线的绘制方法：首先按照单位指标主要污染物排放量从小到大的顺序对区域或者行业产业排序，然后根据该序列，以各个指标的累积百分比为横坐标，以污染物排放量累积百分比为纵坐标，绘制各经济社会指标—污染物排放现状的洛伦兹曲线。以人口—COD 排放量洛伦兹曲线为例，先按人均 COD 排放量的大小对各区域进行排序，然后再以人口累积百分比为横坐标，以 COD 排放量累积百分比为纵坐标绘制人口—COD 排放量洛伦兹曲线。

第4章　常用数据分析方法

统计数据分析是指从一定的目的出发，根据统计调查、统计整理所掌握的数据及相关资料，运用统计分析方法，对客观现象进行分析研究，通过现象的数量表现以揭示现象的本质极其规律，并对其发展趋势进行预测的一种认识活动。

统计数据分析是整个统计活动过程中不可或缺的一部分，是统计活动一个极其重要的阶段，下面的几个例子简洁地说明了什么是统计数据分析和统计数据分析的必要性。

例1：2010年全国废水排放总量为617.3亿t，比2009年增加4.7%。其中，工业废水排放量为237.5亿t，比2009年增加1.3%。城镇生活污水排放量为379.8亿t，比2009年增加6.9%。废水中化学需氧量（COD）排放量为1 238.1万t，比2009年减少3.1%。废水中氨氮排放量为120.3万t，比2009年减少1.9%。工业用水重复利用率85.7%，比2009年提高了0.7个百分点。全国废气中二氧化硫（SO_2）排放量为2 185.1万t，比2009年减少1.3%。烟尘排放量为829.1万t，比2009年减少2.2%。工业粉尘排放量为448.7万t，比2009年减少14.3%。氮氧化物排放量为1 852.4万t，比2009年增加9.4%。全国工业固体废物产生量为24.1亿t，比2009年增加18.1%；工业固体废物综合利用量为16.2亿t，比2009年增加16.9%；工业固体废物贮存量为2.4亿t，比2009年增加14.5%。工业固体废物处置量为5.7亿t，比2009年增加20.5%；工业固体废物排放量为498万t，比2009年减少29.9%。工业固体废物综合利用率为66.7%，比2009年减少0.3个百分点。全国共有城市污水处理厂2 881座，比2009年增加了689座。城市生活污水处理率达到72.9%，比2009年提高9.6个百分点。分析此资料可以得出结论：2010年，在党中央、国务院的领导下，全国环境保护系统深入贯彻落实科学发展观，大力推进生态文明建设，积极探索中国环保新道路，把环境保护与推动发展方式转变、污染减排与促进经济结构战略性调整、环境治理与保障和改善民生更加有机地结合起来，以解决影响环境质量和损害群众健康的突出环境问题为重点，扎实推进环保各项工作，较好地完成了2010年各项工作任务。（资料来源：《2010年环境统计年报》）

例2：2012年1—7月全国房地产开发和销售情况。房地产开发投资完成情况，2012年1—7月，全国房地产开发投资36 774亿元，同比名义增长15.4%，增速比1—6月回落1.2个百分点。其中，住宅投资25 226亿元，增长10.7%，增速回落1.3个百分点，占房地产开发投资的比重为68.6%。1—7月，东部地区房地产开发投资21 295亿元，同比增长

14.5%，增速比 1—6 月回落 0.9 个百分点；中部地区房地产开发投资 7 686 亿元，增长 15.7%，增速比 1—6 月回落 1.2 个百分点；西部地区房地产开发投资 7 794 亿元，增长 17.5%，增速比 1—6 月回落 2.4 个百分点。1—7 月，房地产开发企业房屋施工面积 489 216 万 m^2，同比增长 15.3%，增速比 1—6 月回落 1.9 个百分点；其中，住宅施工面积 367 374 万 m^2，增长 13.0%。房屋新开工面积 103 905 万 m^2，下降 9.8%，降幅比 1—6 月扩大 2.7 个百分点；其中，住宅新开工面积 77 140 万 m^2，下降 13.4%。房屋竣工面积 38 608 万 m^2，增长 19.0%，增速回落 1.7 个百分点；其中，住宅竣工面积 30 952 万 m^2，增长 19.0%。1—7 月，房地产开发企业土地购置面积 18 982 万 m^2，同比下降 24.3%，降幅比 1—6 月扩大 4.4 个百分点；土地成交价款 3 836 亿元，下降 16.9%，降幅扩大 3.6 个百分点。商品房销售和待售情况，1—7 月，商品房销售面积 48 593 万 m^2，同比下降 6.6%，降幅比 1—6 月缩小 3.4 个百分点；其中，住宅销售面积下降 7.5%，办公楼销售面积增长 12.2%，商业营业用房销售面积增长 1.2%。商品房销售额 28 699 亿元，下降 0.5%，降幅缩小 4.7 个百分点；其中，住宅销售额下降 1.1%，办公楼销售额增长 4.3%，商业营业用房销售额增长 3.9%。1—7 月，东部地区商品房销售面积 23 846 万 m^2，同比下降 6.5%，降幅比 1—6 月缩小 4.4 个百分点；销售额 17 449 亿元，下降 1.5%，降幅缩小 5.7 个百分点。中部地区商品房销售面积 12 143 万 m^2，下降 4.0%，降幅缩小 3.4 个百分点；销售额 5 426 亿元，增长 4.9%，增速提高 3.8 个百分点。西部地区商品房销售面积 12 605 万 m^2，下降 9.2%，降幅缩小 1.6 个百分点；销售额 5 825 亿元，下降 2.3%，降幅缩小 2.2 个百分点。7 月末，商品房待售面积 31 667 万 m^2，比 6 月末增加 259 万 m^2。其中，住宅待售面积增加 88 万 m^2，商业营业用房增加 136 万 m^2，办公楼待售面积与 6 月末持平。从房地产的开发投资完成情况和商品房销售和待售情况来看，全国前 7 个月房屋新开工面积下降明显；国房景气指数为 94.57，创历史新低，表明 2010 年下半年房地产调控政策执行以来，那些原本房价高涨的地区基本上稳定了下来，当前房地产调控政策已经取得成效。

例 3：对 2012 年上半年税收收入情况进行分析后发现，与 2011 年同期相比，上半年税收收入增速回落，其原因有以下几个方面：一是国内经济增速回落，导致与经济指标密切相关的税种收入增速放缓。1—5 月，规模以上工业增加值增长 10.7%，比 2011 年同期增速回落 3.3 个百分点；1—5 月，社会消费品零售总额增长 14.5%，比 2011 年同期增速回落 2.1 个百分点；1—5 月，全国规模以上工业企业实现利润同比下降 2.4%，比 2011 年同期增速回落 30.3 个百分点。二是价格总水平涨幅回落使得以现价计算的税收收入增速回落。1—5 月，全国居民消费价格总水平同比上涨 3.5%，比 2011 年同期回落 1.7 个百分点，工业生产者出厂价格同比下降 0.3%，比 2011 年同期回落 7.3 个百分点。三是房地产销售额下降。1—5 月，商品房销售额同比下降 9.1%，比 2011 年同期回落 27.2 个百分点，房地产相关税种的收入大幅下降。四是一般贸易进口额增速大幅回落。1—6 月，一般贸易进口额同比增长 7.8%，比 2011 年同期增速回落 25.2 个百分点。五是结构性减税政策使一些主体税种都有不同程度减收。如提高个人所得税起征点，使个税大幅减收，拉低税收总收入增速近2个百分点。其他如实施小型微利企业所得税优惠政策、提高增值税和营业税起征点、部分进口商品关税调降、支持流通业的税收优惠政策、营业税改征增值税试点等政策，都使企业所得税、增值税、营业税和关税等相关税收减少。这些问题对政府的结构性减税决策起到了重要的参考作用。

从上述统计数据分析示例可以看出，统计资料经过整理后，只能说明“是什么？现在怎么样？”而不能回答“为什么？未来会怎么样？”只有进行统计数据分析，挖掘出统计数据背后隐含的信息，才能说明形成事物现状的原因，进而预测事物未来的发展趋势。

根据统计分析的目的和所涉及问题的层次和范围的不同，统计数据分析可以分为宏观分析、微观分析、专题分析、综合分析、监测分析、评价分析、趋势分析等各种不同的分析类别。

4.1 数据分析一般步骤

数据分析一般包括收集数据、加工和整理数据、分析数据3个主要阶段，在数据分析之前首先需要明确数据分析的目标，再有针对性地收集数据，对收集的数据选择合适的统计分析方法进行加工和整理，最后对数据分析的结果进行合理的解释。在数据分析的实践中，用统计学的理论与方法指导应用是必不可少的，也是极为重要的。数据分析的一般步骤如下。

4.1.1 明确数据分析目标

明确数据分析目标是数据分析的出发点。数据分析的目的决定了不同的数据分析方法，出发点永远是如何对数据进行深入分析，无论是最基础的了解现状及趋势，还是机器自动学习算法的改进，明确数据分析目标及其重要性。明确数据分析目标就是要明确本次数据分析要研究的主要问题和预期的分析目标等。例如，分析工业企业在污染物治理和污染治理投资两个方面的情况，分析不同地区环境污染治理投资与经济发展是否存在显著差异，分析不同地区工业污染物排放达标是否存在显著差异以及成因，分析全国不同地区对环境保护投资的重视力度，分析不同地区环境质量状况和环保计划完成情况，分析不同行业的节能减排是否达到国家标准等。只有明确了数据分析的目标，才能正确地制定数据收集方案，即收集哪些数据、采用怎样的方式收集等，进而为数据分析做好准备。

4.1.2 正确收集数据

正确收集数据是指从最初制定的分析目标出发，排除干扰因素，正确收集服务于既定分析目标的数据。正确的数据对于实现数据分析目的将起到关键性作用。

例如，在分析全国不同地区对环境保护投资的重视力度时，需要收集各个地区的环境污染治理投资相关的数据，如环境污染治理投资额、比上年增加额、占当年 GDP 的比重等。从环境污染治理投资额的分类来看，包括城市环境基础设施建设投资、工业污染源治理投资、建设项目“三同时”环保投资等数据。城市环境基础设施建设投资又包括燃气工程建设投资、集中供热工程建设投资、排水工程建设投资、园林绿化工程建设投资、市容环境卫生工程建设投资等，工业污染源污染治理投资包括废水治理资金、废气治理资金、工业固体废物治理资金、噪声治理资金等；建设项目“三同时”环保投资包括建设项目“三同时”环保投资占环境污染治理投资总额的比例、占建设项目投资总额的比例等；在分析不同工业行业废气及废气中主要污染物排放是否存在显著差异以及成因时，需要收集煤炭开采和洗选业、石油和天然气开采业、黑色金属矿采选业、有色金属矿采选业、非金属矿采选业、其他采矿业、农副食品加工业、食品制造业、饮料制造业、烟草制品业、纺织业、纺织服装、鞋、帽制造业、皮革、毛皮、羽毛（绒）及其制品业、木材加工及木、竹、藤、棕、草制品业、家具制造业、造纸及纸制品业、印刷业和记录媒介的复制、文教体育用品制造业、石油加工、炼焦及核燃料加工业、化学原料及化学制品制造业、医药制造业、化学纤维制造业、橡胶制品业、塑料制品业、非金属矿物制品业、黑色金属冶炼及压延加工业、有色金属冶炼及压延加工业、金属制品业、通用设备制造业、专用设备制造业、交通运输设备制造业、电气机械及器材制造业、通信设备、计算机及其他电子设备制造业、仪器仪表及文化、办公用机械制造业、工艺品及其他制造业、废弃资源和废旧材料回收加工业、电力、热力的生产和供应业、燃气生产和供应业、水的生产和供应业等 39 个工业行业的工业二氧化硫排放量、工业氮氧化物排放量、工业烟尘排放量、工业粉尘排放量等数据。

排除数据中那些与数据分析目标不相关联的干扰因素是数据收集过程的重要环节。数据分析并不仅仅是通过数学模型、统计模型对数据进行分析，收集上来的数据是否真正符合数据分析的目标，其中是否包含了其他主要因素的影响，影响程度怎样，如何剔除这些影响或者减少这些影响等问题都是数据分析过程必须注意的重要问题。

4.1.3　数据的加工整理

在明确数据分析目标的基础上通过各种渠道收集到的数据，往往还需要进行必要的加工整理，使之系统化、条理化，符合统计数据分析的要求后才能真正用于统计数据分析。数据的加工整理通常包括数据缺失值处理、数据的分组、数据的排序、基本描述统计量的计算、基本统计图形的绘制、数据取值的转换、数据的正态化处理等，它能够帮助人们掌握数据的分布特征，是进一步深入统计数据分析的基础。

数据经过预处理后，可以根据数据分析的需要进行加工，对数据进行分组、排序、基本描述统计量的计算、基本统计图形的绘制、数据取值的转换、数据的正态化处理等。统计数据分组是根据统计数据分析的目的和要求，将总体单位或者全部数据按照一定的标准划分成若干类型组别。统计分组的主要目的是使组内的差异尽可能小，组间的差异尽可能大，从而使大量无序的、混沌的数据变成有序的、能够反映总体特征的资料。例如，工业环保投资数据调查对象是工业企业，但是工业环保投资中的重点工业企业、集中处置行业、核工业企业、生活污染防治、农业环保投资中的农业部门、生态保护和环境综合整治、环境管理、与环境监管能力建设相关的环境监测能力、环境监察能力、环境应急能力、环境信息能力等方面的建设投资由于不同工业企业污染物排放种类、排污规模差异较大，其污染治理投资也差异较大。为了揭示我国工业环保投资总体内部的差异、特征，需要对不同工业企业进行分组。例如，按照工业行业类别进行分组，或者按照集中处置行业、核工业企业、生活污染防治、农业环保投资中的农业部门、生态保护和环境综合整治、环境管理等方面进行分组。

4.1.4 明确统计方法的含义和适用范围

数据加工与整理完成后一般就可以进行进一步的统计数据分析了。分析时应切忌滥用和误用统计分析方法，需要明确统计方法的含义和适用范围，对于新的统计方法和统计软件，学习和应用它时必须了解和掌握必要的统计学专业知识和数据分析的一般步骤和原则，这样才能避免滥用和误用，不致因引用偏差甚至错误的数据分析结论而做出错误的决策。滥用和误用统计分析方法主要是由于对统计方法能解决哪类问题、方法适用的前提条件、方法对数据的要求理解不清，一味追求时髦的统计方法、缺乏对统计应用背景的深入了解等原因造成的。因此，在数据统计分析中应避免盲目的“拿来主义”；否则，得到的数据分析结论可能会偏差较大或者发生错误，甚至误导政府决策。

另外，通过多种统计分析方法对数据进行探索性的反复分析也是极为重要的。每一种统计分析方法都有自己的特点和局限，选择多种方法反复论证分析，对提高数据分析的准确度和可信度有一定的帮助，因为仅仅依据一种统计分析方法的结果就断然下结论是不科学的。

4.1.5 理解分析结果，正确解释分析结果

统计数据分析的直接结果是统计量和统计参数。需要正确理解统计分析软件计算出的结果，结合统计数据分析的目的，看看是否与自己的分析目标一致，再通过统计参数对统计量的合理性进行检验。正确理解统计量和统计参数的统计学含义是一切分析结论的基础，它不仅能帮助大家有效避免毫无依据地随意引用统计数字带来的错误，同时也是证实分析结论正确性和可信性的重要依据，而这一切都取决于人们能否正确地把握统计分析方法的核心思想和对统计数据分析方法的灵活运用。

另外，将统计量和统计参数与工作实际问题相结合也是非常重要的。客观地讲，统计

数据分析方法仅仅是一种有用的数据分析工具，但它绝不是万能的。统计方法是否能够正确地解决各学科的具体问题不仅取决于应用统计方法或工具的人能否正确地选择统计方法，还取决于他们是否具有深厚的应用背景。只有将各学科的专业知识与统计量和统计参数相结合，才能得出令人满意的分析结论。

4.2 统计数据准备

在对数据进行加工与整理之前需要准备数据，对数据分类或分组之前对原始数据和第二手数据做一些必要的处理，包括数据的审核、订正和排序。

在对统计数据进行汇总整理前，需要进行严格的审核，这是数据准备的重要环节，主要对统计数据的准确性、及时性、完整性和适用性进行审核。如环境统计基层报表初稿完成后，基层统计人员从准确性、及时性、完整性和适用性四个方面对报表进行审核。在数据的准确性方面，利用指标间的逻辑关系，检查指标之间或数据之间有无矛盾，环境统计基层报表填报是否规范、正确。如指标的计量单位是否符合报表规定，单位换算是否正确；数据填报是否规范：严格区分无法取得数据和数字为“0”。表格中的指标若无法取得数据，划“—”；若数据为零，则填报数字“0”。如数字小于规定单位，以“…”表示。各类属性代码准确性的审核，检查环境统计基层填报单位各类属性代码是否正确。基层报表所包含的各类属性代码主要有：企业法人代码、行业代码、排水去向代码、行政区代码、受纳水体代码等。企业台账准确性审核，核查环境统计基层填报单位提供的企业基本属性、生产和能耗情况等台账是否准确。对于其中的主要指标，如主要产品生产情况、工业总产值、主要燃料情况、工业用水量、工业煤炭消费量等应重点审核。污染物产、治、排平衡关系审核，根据企业生产工艺类型及污染治理设施情况，判断企业生产经营过程中的产污量与治理污染的削减量和最后排向环境的排污量是否平衡；企业污染物产生浓度、排放浓度及污染物去除效率是否合理。逻辑关系的审核，通过同一表格内部或不同表格数据项之间的逻辑关系来进行判断。总量指标的审核，主要包括污染物排放量、治理运行费用、投资、工业总产值等总量指标。审核主要是通过排序、与往年对比等方法，看是否存在指标值过大、过小等异常情况，变化幅度大而且又无特殊原因的应重点审核。在数据及时性方面，审核数据是否符合调查时间，数据的报送是否在规定的时间之内。在数据完整性方面，主要检查各基层企业、事业单位应填报的报表种类是否齐全，应填报的内容是否完整。在数据适用性方面，主要是针对第二手数据，其来源渠道广，有些数据可能是为特定目的专门调查获得的，或者是按照特定目的的需要做了加工整理。因此，在使用之前，需要对数据来源、数据的计算口径、数据的有关背景进行了解，判断这些数据是否符合统计数据分析的需要，是否需要重新进行加工与处理等。

4.3 统计分析方法和工具

4.3.1 常用方法

统计分析方法是开展统计数据分析的重要工具，要做好统计数据分析，必须先熟悉和掌握各种基本的统计分析方法。常用的统计分析方法包括：对比分析法、比例分析法、速度分析法、动态分析法、弹性分析法、因素分析法、相关分析法、模型分析法、综合评价分析法等。下面对这些常用的统计分析方法做简单介绍。

4.3.1.1 对比分析法

对比分析法是最基本的分析方法，又叫比较分析法，是通过实际数与基数的对比来揭示实际数与基数之间差异的一种分析方法。对比的基数由于分析目的不同而不同，一般有计划数、定额数、标准数、前期实际数、以往年度同期实际数等。对比分析法是对相同的指标进行分析，在日常的工作当中，分析报告中运用的同比上升、同比下降、完成计划百分比等均采用的对比分析法。

例 1：工业固体废物产生、排放及利用情况

2010 年，全国工业固体废物产生量为 240 944 万 t，比 2009 年增加 18.1%；工业固体废物排放量为 498 万 t，比 2009 年减少 30.0%。全国危险废物产生量 1 587 万 t，比 2009 年增加 11.0%。

工业固体废物综合利用量为 161 772 万 t，比 2009 年增加 16.9%；工业固体废物贮存量 23 918 万 t，比 2009 年增加 14.5%。其中危险废物贮存量 166 万 t，比 2009 年减少 24.2%；工业固体废物处置量 57 264 万 t，比 2009 年增加 20.5%，其中危险废物处置量 513 万 t，比 2009 年增加 19.9%。

“十一五”期间，全国工业固体废物产生量、综合利用量和处置量均呈现逐年上升的趋势，贮存量基本持平，而工业固体废物排放量呈现逐年下降的趋势，见表 4-1。

表 4-1 全国工业固体废物产生及处理情况

单位：万 t

年份	产生量		排放量		综合利用量		贮存量		处置量	
	合计	危险废物	合计	危险废物	合计	危险废物	合计	危险废物	合计	危险废物
2001	88 746	952	2 894	2.1	47 290	442	30 183	307	14 491	229
2002	94 509	1 000	2 635	1.7	50 061	392	30 040	383	16 618	242
2003	100 428	1 170	1 941	0.3	56 040	427	27 667	423	17 751	375
2004	120 030	995	1 762	1.1	67 796	403	26 012	343	26 635	275

年份	产生量		排放量		综合利用量		贮存量		处置量	
	合计	危险废物	合计	危险废物	合计	危险废物	合计	危险废物	合计	危险废物
2005	134 449	1 162	1 655	0.6	76 993	496	27 876	337	31 259	339
2006	151 541	1 084	1 302	20.0	92 601	566	22 398	267	42 883	289
2007	175 632	1 079	1 197	0.1	110 311	650	24 119	154	41 350	346
2008	190 127	1 357	782	0.07	123 482	819	21 883	196	48 291	389
2009	203 943	1 430	710	…	138 186	831	20 929	219	47 488	428
2010	240 944	1 587	498	…	161 772	977	23 918	166	57 264	513
增长率	18.1%	11.0%	−30.0%	0	16.9%	17.6%	14.5%	−24.2%	20.5%	19.9%

注：①“综合利用量”和“处置量”指标中含有综合利用和处置往年贮存量；②“…”表示数字小于规定单位。

工业固体废物产生、排放及利用情况中用的“比 2009 年增加”即为对比分析法，通过今年的数据与 2011 年的数据进行对比，求出其增长率，即为比 2009 年增加的值。

例 2：2012 年 7 月 70 个大中城市住宅销售价格变动情况

新建商品住宅（不含保障性住房）价格变动情况（详见表 4-2 至 4-6）

与上月相比，70 个大中城市中，价格下降的城市有 9 个，持平的城市有 11 个，上涨的城市有 50 个。环比价格上涨的城市中，涨幅均未超过 0.7%。

与 2011 年同月相比，70 个大中城市中，价格下降的城市有 58 个，持平的城市有 1 个，上涨的城市有 11 个。7 月，同比价格上涨的城市中，涨幅均未超过 1.0%，涨幅比 6 月回落的城市有 5 个。

二手住宅价格变动情况

与上月相比，70 个大中城市中，价格下降的城市有 20 个，持平的城市有 12 个，上涨的城市有 38 个。环比价格上涨的城市中，涨幅均未超过 2.2%。

与 2011 年同月相比，70 个大中城市中，价格下降的城市有 59 个，上涨的城市有 11 个。7 月，同比价格上涨的城市中，涨幅均未超过 2.5%，涨幅比 6 月回落的城市有 6 个。

表 4-2 2012 年 7 月 70 个大中城市新建住宅价格指数

城市	新建住宅价格指数			城市	新建住宅价格指数		
	环比	同比	定基		环比	同比	定基
北京	100.3	99.3	102.3	唐山	99.8	99.3	101.2
天津	100.2	98.9	103.3	秦皇岛	100.3	99.4	106.6
石家庄	100.7	100.0	108.5	包头	100.2	99.7	104.1
太原	100.1	99.9	101.7	丹东	100.3	100.0	107.9
呼和浩特	100.0	99.2	104.5	锦州	100.3	99.5	105.0
沈阳	100.1	99.0	105.6	吉林	100.3	99.5	105.7
大连	100.2	100.2	105.9	牡丹江	100.1	99.7	106.7
长春	100.1	99.0	103.4	无锡	100.3	98.9	101.4
哈尔滨	100.1	99.8	103.8	扬州	100.1	99.0	103.4
上海	100.0	98.5	101.0	徐州	100.3	98.4	102.6
南京	100.4	98.1	99.6	温州	99.2	84.4	85.2
杭州	100.3	90.9	91.8	金华	100.0	93.7	97.4

城市	新建住宅价格指数			城市	新建住宅价格指数		
	环比	同比	定基		环比	同比	定基
宁波	99.4	92.2	93.8	蚌埠	100.0	99.2	103.1
合肥	100.2	99.0	101.6	安庆	100.3	99.1	103.1
福州	100.7	99.8	103.7	泉州	100.3	99.3	100.3
厦门	100.4	99.3	105.2	九江	100.1	98.3	102.4
南昌	100.4	98.3	105.9	赣州	100.0	99.4	104.6
济南	100.2	97.9	102.5	烟台	99.8	98.0	102.8
青岛	99.8	95.6	99.8	济宁	100.2	99.5	103.1
郑州	100.3	99.3	106.1	洛阳	100.1	99.9	106.5
武汉	100.1	99.0	103.4	平顶山	100.0	99.9	104.2
长沙	100.1	99.3	107.6	宜昌	100.0	98.6	103.4
广州	100.2	98.7	103.5	襄阳	99.9	98.0	104.7
深圳	100.0	97.6	101.9	岳阳	100.0	99.0	106.7
南宁	100.2	98.8	101.3	常德	99.8	98.7	104.5
海口	100.1	98.5	100.9	惠州	100.2	99.7	104.6
重庆	100.1	98.5	103.0	湛江	100.3	100.7	106.0
成都	100.3	99.3	102.5	韶关	100.1	100.2	106.3
贵阳	100.1	100.8	105.4	桂林	100.0	99.8	106.0
昆明	100.4	100.3	106.0	北海	100.3	98.7	101.5
西安	99.9	99.7	104.1	三亚	99.9	98.9	100.5
兰州	100.0	99.9	107.0	泸州	100.4	100.7	102.6
西宁	100.0	101.0	107.8	南充	100.2	99.3	99.5
银川	100.2	100.3	103.6	遵义	100.1	100.3	105.5
乌鲁木齐	100.3	100.9	110.0	大理	100.1	100.1	101.6

注：环比以上月价格为 100，同比以 2011 年同月价格为 100，定基以 2010 年价格为 100。

表 4-3 2012 年 7 月 70 个大中城市新建商品住宅价格指数

城市	新建商品住宅价格指数			城市	新建商品住宅价格指数		
	环比	同比	定基		环比	同比	定基
北京*	100.3	99.0	102.9	唐山	99.8	99.3	101.3
天津	100.2	98.8	103.7	秦皇岛	100.4	99.3	107.3
石家庄	100.7	100.0	108.7	包头	100.2	99.7	104.2
太原	100.1	99.9	101.8	丹东	100.3	99.3	107.9
呼和浩特	100.0	99.2	104.6	锦州	100.3	99.5	105.0
沈阳	100.1	99.0	106.1	吉林	100.3	99.5	105.9
大连	100.2	100.2	106.0	牡丹江	100.1	99.7	106.8
长春	100.1	99.0	103.5	无锡	100.4	98.7	101.4
哈尔滨	100.2	99.8	104.0	扬州	100.1	98.9	103.5
上海	100.1	98.2	101.2	徐州	100.3	98.3	102.7
南京	100.5	97.4	99.5	温州	99.2	83.4	84.3
杭州	100.3	90.5	91.4	金华	100.0	93.6	97.4
宁波	99.4	91.8	93.5	蚌埠	100.0	99.2	103.2

城市	新建商品住宅价格指数			城市	新建商品住宅价格指数		
	环比	同比	定基		环比	同比	定基
合肥	100.2	98.9	101.6	安庆	100.3	99.1	103.1
福州	100.7	99.8	103.7	泉州	100.3	99.2	100.3
厦门	100.4	99.3	105.3	九江	100.1	98.2	102.5
南昌	100.4	98.2	106.0	赣州	100.0	99.4	104.7
济南	100.2	97.9	102.5	烟台	99.8	97.9	102.9
青岛	99.8	95.4	99.7	济宁	100.2	99.5	103.2
郑州	100.3	99.3	106.2	洛阳	100.1	99.9	106.6
武汉	100.1	99.0	103.6	平顶山	100.0	99.9	104.3
长沙	100.1	99.3	107.7	宜昌	100.0	98.6	103.4
广州	100.2	98.7	103.6	襄阳	99.9	97.9	104.7
深圳	100.0	97.5	102.0	岳阳	100.0	98.4	107.5
南宁	100.2	98.8	101.4	常德	99.8	98.7	104.5
海口	100.1	98.5	100.9	惠州	100.2	99.7	104.6
重庆	100.1	98.5	103.1	湛江	100.3	100.7	106.0
成都	100.3	99.3	102.5	韶关	100.1	100.2	106.5
贵阳	100.1	100.9	105.7	桂林	100.0	99.8	106.1
昆明	100.5	100.4	106.5	北海	100.3	98.7	101.5
西安	99.9	99.6	104.3	三亚	99.9	98.9	100.5
兰州	100.0	99.9	107.1	泸州	100.4	100.8	102.7
西宁	100.0	101.0	107.8	南充	100.2	99.3	99.5
银川	100.3	100.3	103.7	遵义	100.1	100.3	106.2
乌鲁木齐	100.3	100.9	110.0	大理	100.2	100.1	101.7

注：*本表所列北京市"新建商品住宅价格指数"与北京市有关部门发布的"新建普通住房价格"在统计口径、统计标准等方面均有不同。

表 4-4　2012 年 7 月 70 个大中城市二手住宅价格指数

城市	二手住宅价格指数			城市	二手住宅价格指数		
	环比	同比	定基		环比	同比	定基
北京	100.3	97.5	98.8	唐山	99.8	97.6	102.0
天津	100.6	98.6	100.2	秦皇岛	100.5	98.3	100.7
石家庄	99.9	94.9	98.0	包头	100.6	99.5	101.5
太原	100.3	102.5	107.3	丹东	100.0	100.1	102.4
呼和浩特	100.0	100.4	104.0	锦州	99.8	100.1	100.2
沈阳	100.1	99.2	103.6	吉林	99.9	99.0	103.8
大连	101.0	99.0	104.0	牡丹江	100.0	95.8	101.3
长春	100.3	97.9	100.0	无锡	99.7	99.1	103.9
哈尔滨	100.0	97.8	99.4	扬州	99.8	96.2	99.3
上海	100.2	98.4	101.1	徐州	100.0	97.7	97.7
南京	100.5	96.8	96.8	温州	100.6	83.9	90.0
杭州	100.8	93.5	94.6	金华	100.2	93.3	93.5
宁波	99.5	94.8	93.0	蚌埠	100.1	100.3	104.3

城市	二手住宅价格指数			城市	二手住宅价格指数		
	环比	同比	定基		环比	同比	定基
合肥	100.2	96.6	99.7	安庆	100.0	95.7	98.9
福州	100.2	95.0	94.1	泉州	100.1	96.6	96.5
厦门	100.1	98.1	101.0	九江	100.3	97.8	100.6
南昌	100.1	94.9	98.6	赣州	100.0	98.7	98.9
济南	100.1	99.0	101.9	烟台	99.7	96.3	99.9
青岛	100.1	96.6	99.7	济宁	99.9	99.0	105.0
郑州	100.2	98.4	102.1	洛阳	99.9	98.3	105.0
武汉	100.1	99.0	101.5	平顶山	100.0	98.3	104.9
长沙	99.9	99.4	100.6	宜昌	100.1	96.5	98.6
广州	100.7	99.5	103.0	襄阳	100.0	100.2	105.4
深圳	100.2	98.2	103.3	岳阳	100.1	98.9	107.7
南宁	100.1	99.6	101.9	常德	99.2	99.2	106.4
海口	100.1	97.5	95.4	惠州	99.7	99.5	104.6
重庆	100.0	99.3	100.1	湛江	100.4	100.9	106.7
成都	100.2	96.8	98.4	韶关	100.0	100.5	103.2
贵阳	99.6	101.9	108.1	桂林	100.2	99.5	101.6
昆明	102.2	101.5	105.5	北海	100.0	98.8	101.0
西安	99.4	98.0	101.0	三亚	99.9	95.2	93.7
兰州	99.9	97.9	98.3	泸州	100.1	99.5	100.3
西宁	100.3	100.8	107.1	南充	99.9	99.0	100.5
银川	100.1	98.1	101.6	遵义	99.9	98.9	107.7
乌鲁木齐	100.1	98.2	106.5	大理	99.8	99.8	103.1

表 4-5 2012 年 7 月 70 个大中城市新建商品住宅分类价格指数

城市	90 m^2 及以下			90 ~ 144 m^2			144 m^2 以上		
	环比	同比	定基	环比	同比	定基	环比	同比	定基
北京	100.4	99.2	102.9	100.4	98.8	103.3	100.3	99.1	102.6
天津	100.4	99.7	105.5	100.1	98.2	103.4	100.2	98.8	102.5
石家庄	100.7	99.6	107.2	100.6	100.1	109.4	100.8	100.1	107.8
太原	100.2	99.9	101.6	100.1	100.0	102.6	100.0	99.9	100.8
呼和浩特	99.8	98.9	104.3	100.0	99.4	103.8	100.0	99.0	106.1
沈阳	100.0	99.1	107.5	100.0	98.6	106.2	100.2	99.3	102.7
大连	100.4	100.5	106.6	100.1	100.0	105.7	100.0	99.9	105.4
长春	100.2	100.6	107.1	100.1	98.1	102.2	100.1	98.6	101.4
哈尔滨	100.2	99.8	104.7	100.2	99.9	103.7	100.1	99.5	103.2
上海	100.1	98.4	103.3	100.1	98.1	101.4	100.0	98.1	99.9
南京	100.2	96.9	99.0	100.6	97.5	100.1	100.4	97.8	98.8
杭州	100.5	89.9	92.0	100.9	89.8	90.7	99.7	91.8	91.4
宁波	99.4	90.7	93.9	99.6	89.8	91.9	99.3	93.8	94.6
合肥	100.3	99.5	103.4	100.2	98.8	101.1	100.0	97.7	99.7
福州	100.7	99.6	102.3	100.7	99.6	105.7	100.6	100.0	102.5

城市	90 m² 及以下			90 ~ 144 m²			144 m² 以上		
	环比	同比	定基	环比	同比	定基	环比	同比	定基
厦门	100.5	98.9	106.4	100.3	99.1	105.6	100.3	99.6	104.4
南昌	100.2	97.1	105.4	100.6	98.6	107.3	100.2	98.1	103.7
济南	100.4	98.3	104.5	100.3	98.2	102.6	100.0	97.4	101.4
青岛	99.7	95.2	99.5	99.8	95.7	100.9	100.0	95.1	97.8
郑州	100.2	98.8	106.4	100.4	99.7	106.8	100.3	99.6	105.4
武汉	100.1	99.1	103.8	100.1	99.3	104.5	99.9	98.0	100.9
长沙	100.1	99.4	110.3	100.2	99.4	108.2	100.1	99.2	104.7
广州	100.3	98.6	103.8	100.2	98.6	105.8	100.2	98.7	101.0
深圳	100.0	97.2	103.6	100.1	97.0	100.1	100.0	98.1	101.2
南宁	100.1	98.7	101.9	100.3	98.8	101.4	100.1	98.8	100.4
海口	100.0	98.6	102.7	100.0	98.7	100.9	100.2	98.2	100.4
重庆	100.1	99.2	105.4	100.1	98.0	102.0	100.2	98.2	101.6
成都	100.3	99.4	102.6	100.1	99.3	104.0	100.7	99.0	100.0
贵阳	100.0	100.8	104.8	100.1	100.9	106.1	100.1	101.0	105.2
昆明	100.5	100.6	108.9	100.7	100.8	106.6	100.0	99.6	103.1
西安	100.0	99.5	105.8	99.9	99.9	104.2	99.8	99.3	102.3
兰州	99.9	100.0	107.1	100.0	99.9	107.2	100.1	99.8	107.1
西宁	100.1	100.8	107.0	100.0	101.1	107.7	100.0	100.8	108.4
银川	100.2	100.0	105.4	100.3	100.3	102.0	100.2	100.8	104.7
乌鲁木齐	100.1	101.1	110.2	100.4	101.0	111.4	100.5	100.2	106.6
唐山	99.7	99.7	101.5	99.9	99.1	101.5	99.7	99.2	100.4
秦皇岛	100.4	99.3	108.7	100.4	99.3	106.0	100.3	99.6	107.7
包头	100.3	100.2	104.3	100.2	99.6	105.1	100.1	98.4	101.1
丹东	100.0	99.2	107.8	100.6	99.7	108.2	100.2	98.4	107.0
锦州	100.6	100.4	105.5	100.0	98.7	105.3	99.8	98.0	102.2
吉林	100.4	99.9	105.7	100.3	99.3	105.9	100.4	99.2	106.3
牡丹江	100.1	99.7	106.6	100.2	99.6	106.8	100.2	99.6	108.4
无锡	100.5	98.7	103.1	100.3	98.3	101.2	100.6	99.3	100.7
扬州	100.2	99.0	104.6	100.0	99.0	103.5	100.4	98.9	103.0
徐州	100.3	98.3	103.0	100.3	98.4	102.9	100.0	97.8	100.9
温州	98.9	86.4	87.9	97.8	85.0	86.0	99.5	82.4	83.1
金华	100.0	95.2	100.8	100.0	96.3	99.7	100.0	91.4	94.8
蚌埠	100.0	99.2	103.5	100.0	99.2	103.1	99.8	99.2	103.2
安庆	100.3	99.2	104.1	100.3	99.0	102.8	100.3	99.2	103.5
泉州	100.4	100.0	100.9	100.2	99.0	100.8	100.3	99.0	99.1
九江	100.0	98.2	101.6	100.2	98.0	103.4	100.0	99.1	101.3
赣州	100.0	98.8	103.3	100.0	99.8	105.0	99.9	98.8	104.8
烟台	99.9	97.9	102.4	100.0	98.1	103.8	99.2	97.4	100.3
济宁	100.1	99.5	103.9	100.2	99.3	103.4	100.3	99.9	101.9
洛阳	100.3	100.6	109.2	100.2	99.8	106.1	100.0	99.5	105.3
平顶山	100.1	99.6	105.1	100.0	99.8	105.1	100.0	100.3	101.8
宜昌	100.0	98.5	103.0	100.1	98.8	103.7	100.0	97.7	102.6

城市	90 m² 及以下			90～144 m²			144 m² 以上		
	环比	同比	定基	环比	同比	定基	环比	同比	定基
襄阳	100.0	97.6	106.3	99.9	98.0	104.9	99.8	98.1	102.7
岳阳	100.0	98.1	107.3	100.0	99.1	108.3	100.0	98.6	107.8
常德	99.7	99.1	106.8	99.9	98.6	104.4	99.5	98.8	103.8
惠州	100.2	100.0	108.2	100.4	99.9	105.2	100.1	99.5	102.7
湛江	100.6	101.1	105.8	100.1	100.5	106.9	100.1	100.1	104.8
韶关	100.0	100.5	108.2	100.2	100.0	105.5	100.2	100.1	103.5
桂林	100.1	99.6	104.9	100.0	100.0	107.8	100.1	99.4	100.5
北海	100.3	98.7	101.5	100.3	99.0	102.0	100.0	97.5	98.9
三亚	100.0	98.7	100.5	99.8	99.5	101.5	100.0	98.7	99.7
泸州	100.7	100.9	102.3	100.3	100.7	102.8	100.7	100.9	102.9
南充	100.0	98.6	99.8	100.2	99.5	99.3	100.3	99.8	99.8
遵义	100.1	100.6	106.5	100.0	100.1	106.3	100.6	100.6	105.6
大理	100.4	100.5	101.4	100.1	100.1	101.3	100.0	99.6	102.5

表 4-6 2012 年 7 月 70 个大中城市二手住宅分类价格指数

城市	90 m² 及以下			90～144 m²			144 m² 以上		
	环比	同比	定基	环比	同比	定基	环比	同比	定基
北京	100.2	97.4	99.4	100.3	97.1	98.6	100.5	98.3	97.5
天津	100.4	98.4	101.1	101.6	100.0	102.2	99.3	95.6	96.8
石家庄	99.9	94.5	97.7	100.0	96.7	99.2	100.0	95.1	98.2
太原	100.1	102.2	107.6	100.4	102.8	106.5	100.6	103.0	108.4
呼和浩特	100.0	100.2	104.0	100.2	100.7	104.6	100.0	100.1	102.8
沈阳	100.2	98.9	103.7	99.9	100.1	104.2	100.0	99.0	101.1
大连	100.8	98.7	103.5	101.4	99.6	104.7	101.3	98.2	104.7
长春	100.3	97.5	100.5	100.5	98.1	99.4	99.9	98.6	99.4
哈尔滨	100.0	97.5	99.3	100.0	98.0	99.6	100.0	97.7	99.2
上海	100.2	98.7	102.1	100.2	98.7	101.6	100.0	97.1	98.0
南京	100.3	96.6	95.7	100.9	96.5	96.3	100.2	97.4	99.1
杭州	100.7	94.0	95.1	101.3	93.4	95.3	100.0	92.0	91.7
宁波	99.3	95.0	93.0	99.9	94.9	93.0	99.2	94.0	92.8
合肥	100.5	98.5	102.6	100.0	95.8	98.8	100.1	96.7	98.8
福州	100.4	94.0	93.8	100.1	94.2	95.1	100.2	96.8	95.2
厦门	100.1	98.8	102.4	100.0	97.8	100.9	100.0	97.6	99.5
南昌	100.9	96.5	100.7	98.9	93.1	96.6	100.6	94.8	97.4
济南	99.8	98.7	102.3	101.0	99.5	101.3	99.3	98.9	101.6
青岛	100.1	96.2	99.2	100.1	96.5	99.6	100.0	97.9	101.3
郑州	100.2	98.8	102.3	100.1	97.8	101.6	100.4	98.7	102.6
武汉	100.1	99.0	101.5	100.1	99.2	101.9	100.0	98.3	100.0
长沙	99.9	99.9	101.1	99.9	99.1	100.6	99.7	99.0	99.8
广州	100.6	100.2	105.2	100.1	97.9	102.3	101.7	99.9	99.7
深圳	100.2	98.6	104.0	100.2	98.4	105.0	100.2	96.9	98.6

城市	90 m^2 及以下			90 ~ 144 m^2			144 m^2 以上		
	环比	同比	定基	环比	同比	定基	环比	同比	定基
南宁	100.1	99.5	102.0	100.1	100.4	103.1	100.2	97.8	98.8
海口	100.1	97.5	95.4	100.1	97.4	95.2	100.1	97.7	95.7
重庆	100.0	99.0	97.8	100.0	99.2	101.5	100.0	100.8	103.6
成都	100.2	97.1	99.7	100.3	95.9	97.2	100.0	97.8	97.2
贵阳	99.6	101.9	107.9	99.3	101.9	108.6	99.8	102.3	108.0
昆明	102.1	101.1	105.6	102.9	102.3	104.3	101.3	100.8	107.2
西安	99.3	98.5	100.8	99.5	97.9	101.3	99.6	97.4	100.7
兰州	99.9	97.2	97.6	99.9	97.7	98.2	100.2	100.1	100.1
西宁	100.2	101.1	108.1	100.3	100.4	106.2	100.2	101.1	104.6
银川	100.0	98.0	100.9	100.1	97.7	101.9	100.1	100.2	103.8
乌鲁木齐	100.2	97.7	108.5	100.1	98.5	105.3	100.1	99.2	104.8
唐山	99.7	97.3	102.4	99.9	98.5	100.6	99.9	97.1	100.0
秦皇岛	100.6	99.0	101.9	100.4	97.0	98.5	—	98.0	100.2
包头	100.6	98.2	99.8	100.6	100.8	103.6	100.4	99.5	99.9
丹东	100.0	100.2	102.6	100.2	100.2	102.3	99.8	99.4	101.5
锦州	99.0	99.4	99.6	100.1	100.1	100.1	105.4	105.4	105.4
吉林	100.0	100.1	105.0	99.9	98.8	104.1	99.9	96.9	100.2
牡丹江	100.0	96.5	102.6	100.0	93.9	98.9	100.0	91.8	96.5
无锡	99.7	99.1	102.5	99.6	98.6	104.5	100.0	100.7	105.6
扬州	99.6	96.6	99.5	100.0	95.5	99.1	—	97.3	99.5
徐州	100.0	97.0	97.4	100.0	97.7	97.3	—	99.6	99.7
温州	101.1	86.3	92.1	100.6	81.9	88.0	100.1	83.8	90.4
金华	99.5	93.0	94.3	100.2	92.8	92.7	101.6	94.9	94.4
蚌埠	100.1	100.3	104.4	100.1	100.3	104.1	100.0	100.6	104.0
安庆	100.0	95.6	98.8	100.1	96.6	99.4	100.1	97.7	100.3
泉州	100.4	95.2	95.7	99.8	97.8	97.4	100.0	97.7	96.7
九江	100.2	97.8	100.5	100.3	97.5	100.1	100.4	100.0	103.4
赣州	100.1	98.8	99.0	100.0	98.5	98.6	100.1	99.1	99.4
烟台	99.7	97.3	101.0	99.7	97.7	101.3	99.8	93.6	97.1
济宁	99.8	100.0	106.7	99.9	98.1	104.1	100.0	99.5	103.2
洛阳	99.9	97.7	104.6	100.0	98.6	104.7	100.0	98.8	106.0
平顶山	100.2	98.8	107.2	99.9	98.5	104.2	100.0	95.0	97.4
宜昌	100.1	96.5	98.4	100.1	96.4	98.5	100.1	97.1	99.2
襄阳	100.2	100.4	107.1	100.0	100.1	105.1	—	100.2	104.8
岳阳	100.1	99.2	106.8	100.4	98.6	107.8	100.1	98.5	107.7
常德	101.2	101.7	111.6	100.3	99.9	107.1	94.6	95.6	102.0
惠州	100.0	100.2	104.9	99.1	97.2	103.6	99.6	101.8	105.3
湛江	100.2	100.9	106.3	100.5	101.0	107.0	100.6	100.9	106.8
韶关	99.3	99.8	102.2	100.7	101.4	104.4	99.4	99.4	101.8
桂林	100.3	99.5	101.0	100.1	100.6	103.4	100.1	96.4	99.4
北海	100.1	99.0	101.2	99.9	98.5	100.8	100.0	98.6	100.1
三亚	99.9	95.4	94.0	99.9	95.4	93.7	99.9	94.7	93.4

城市	90 m² 及以下			90 ~ 144 m²			144 m² 以上		
	环比	同比	定基	环比	同比	定基	环比	同比	定基
泸州	100.1	99.7	100.5	100.0	99.5	99.7	100.0	99.3	101.2
南充	99.9	98.9	100.9	100.0	98.9	99.7	99.9	99.9	101.2
遵义	99.8	96.5	103.8	100.0	100.1	109.3	99.9	100.3	112.2
大理	99.4	99.4	104.1	100.2	100.2	102.0	100.0	100.0	103.3

注：2012 年 7 月 70 个大中城市住宅销售价格变动情况中用的"与上月相比"和"与去年同月相比"即为对比分析法，通过本月的数据与上月的数据或者与去年同月的数据进行对比，求出其增长率，即为"与上月相比"和"与去年同月相比"的值。

例 3：2010 年度及"十一五"全国主要污染物总量减排考核结果

2010 年，各地区、各部门认真贯彻落实党中央、国务院节能减排工作的决策部署，综合运用法律、经济、技术、行政等手段，不断加大工作力度，污染减排取得重大进展。2010 年，全国化学需氧量排放总量为 1 238.1 万 t，比 2009 年下降 3.09%；二氧化硫排放总量为 2 185.1 万 t，比 2009 年下降 1.32%。与 2005 年相比，化学需氧量和二氧化硫排放总量分别下降 12.45%和 14.29%，均超额完成 10%的减排任务。31 个省、自治区、直辖市和新疆生产建设兵团，以及国家电网公司和华能、大唐、华电、国电、中电投五大电力集团公司都较好地完成了《"十一五"期间全国主要污染物排放总量控制计划》下达的总量控制任务，考核结果详见表 4-7、表 4-8。

表 4-7 2010 年及"十一五"全国主要污染物总量减排情况考核结果

省份	化学需氧量					二氧化硫				
	2005 年排放量/万 t	2010 年				2005 年排放量/万 t	2010 年			
		排放量/万 t	削减目标	实际削减率	完成情况		排放量/万 t	削减目标	实际削减率	完成情况
全国	1 414.2	1 238.1	−10.0%	−12.45%	完成	2 549.4	2 185.1	−10.0%	−14.29%	完成
北京	11.60	9.20	−14.7%	−20.67%	完成	19.10	11.51	−20.4%	−39.73%	完成
天津	14.60	13.20	−9.6%	−9.61%	完成	26.50	23.52	−9.4%	−11.26%	完成
河北	66.07	54.62	−15.1%	−17.34%	完成	149.60	123.38	−15.0%	−17.53%	完成
山西	38.70	33.31	−13.2%	−13.93%	完成	151.60	124.92	−14.0%	−17.6%	完成
内蒙古	29.73	27.51	−6.7%	−7.46%	完成	145.60	139.41	−3.8%	−4.25%	完成
辽宁	64.44	54.16	−12.9%	−15.95%	完成	119.70	102.22	−12.0%	−14.6%	完成
吉林	40.70	35.21	−10.3%	−13.48%	完成	38.20	35.63	−4.7%	−6.72%	完成
黑龙江	50.37	44.44	−10.3%	−11.77%	完成	50.80	49.02	−2.0%	−3.51%	完成
上海	30.40	21.98	−14.8%	−27.71%	完成	51.30	35.81	−25.9%	−30.2%	完成
江苏	96.62	78.80	−15.1%	−18.44%	完成	137.30	105.05	−18.0%	−23.49%	完成
浙江	59.47	48.68	−15.1%	−18.15%	完成	86.04	67.83	−15.0%	−21.16%	完成
安徽	44.37	41.11	−6.5%	−7.36%	完成	57.10	53.26	−4.0%	−6.72%	完成
福建	39.40	37.26	−4.8%	−5.44%	完成	46.10	40.94	−8.0%	−11.2%	完成
江西	45.73	43.11	−5.0%	−5.73%	完成	61.30	55.71	−7.0%	−9.13%	完成
山东	77.03	62.05	−14.9%	−19.44%	完成	200.30	153.78	−20.0%	−23.22%	完成

省份	化学需氧量					二氧化硫				
	2005 年排放量/万 t	2010 年				2005 年排放量/万 t	2010 年			
		排放量/万 t	削减目标	实际削减率	完成情况		排放量/万 t	削减目标	实际削减率	完成情况
河南	72.08	61.97	−10.8%	−14.02%	完成	162.45	133.87	−14.0%	−17.59%	完成
湖北	61.60	57.24	−5.0%	−7.08%	完成	71.70	63.25	−7.8%	−11.78%	完成
湖南	89.45	79.90	−10.1%	−10.68%	完成	91.90	80.13	−9.0%	−12.81%	完成
广东	105.81	85.83	−15.0%	−18.88%	完成	129.40	105.05	−15.0%	−18.81%	完成
广西	106.98	93.69	−12.1%	−12.43%	完成	102.30	90.38	−9.9%	−11.66%	完成
海南	9.50	9.23	0.0%	−2.84%	完成	2.20	2.84	100.0%	29.12%	完成
重庆	26.90	23.45	−11.2%	−12.82%	完成	83.70	71.94	−11.9%	−14.05%	完成
四川	78.32	74.07	−5.0%	−5.43%	完成	129.90	113.10	−11.9%	−12.93%	完成
贵州	22.56	20.78	−7.1%	−7.89%	完成	135.80	114.89	−15.0%	−15.39%	完成
云南	28.47	26.83	−4.9%	−5.76%	完成	52.20	50.07	−4.0%	−4.08%	完成
西藏	1.40	2.89	114.0%	106.43%	完成	0.20	0.29	1000.0%	45.0%	完成
陕西	35.04	30.77	−10.0%	−12.18%	完成	92.20	77.86	−12.0%	−15.55%	完成
甘肃	18.23	16.76	−7.7%	−8.05%	完成	56.30	55.18	0.0%	−1.99%	完成
青海	7.20	8.31	18.0%	15.40%	完成	12.40	14.34	17.7%	15.61%	完成
宁夏	14.27	12.17	−14.7%	−14.72%	完成	34.30	31.08	−9.3%	−9.38%	完成
新疆	25.67	28.07	10.0%	9.35%	完成	50.24	56.94	13.9%	13.34%	完成
兵团	1.43	1.53	10.0%	6.74%	完成	1.66	1.91	15.1%	15.09%	完成

注：公告不含香港特别行政区、澳门特别行政区和台湾地区。

表 4-8 2010 年及“十一五”五大电力集团公司二氧化硫总量减排考核结果

集团名称	中国华能集团公司	中国大唐集团公司	中国华电集团公司	中国国电集团公司	中国电力投资集团公司	合计
火电装机容量/万 kW	9 258.2	8 371.0	7 191.8	7 527.2	5 001.6	37 349.8
脱硫装机容量/万 kW	8 637.7	8 316.0	6 401.4	7 126.2	4 890.0	35 371.3
火力发电量/亿 kW 时	4 719.9	4 308.8	3 251.2	3 824.2	2 310.3	18 414.3
关闭小火电容量/万 kW	111.8	47.0	50.0	104.9	139.1	452.8
2010 年二氧化硫排放量/万 t	95.6	87.1	90.9	99.9	70.3	443.9
比 2009 年下降比例/%	4.20	5.54	3.04	4.17	8.51	4.93
比 2005 年下降比例/%	37.17	45.05	49.72	46.19	44.33	44.76
目标责任书要求“十一五”下降比例	27.60%	36.90%	44.90%	42.80%	35.00%	38.10%
“十一五”目标完成情况	完成	完成	完成	完成	完成	完成

从主要减排措施来看，2010 年，全国新增燃煤脱硫机组装机容量 1.07 亿 kW，新增城市污水日处理能力 1 900 万 m^3。到“十一五”末，全国累计建成运行燃煤电厂脱硫设施 5.32 亿 kW，火电脱硫机组装机容量比例从 2005 年的 12%提高到 82.6%，电力行业 30 万 kW 以上火电机组占火电装机容量比重从 2005 年的 47%提高到 70%以上；累计新增城市污水日处理能力超过 6 000 万 m^3，城市污水日处理能力达到 1.25 亿 m^3，城市污水处理率由 2005 年的 52%提高到 75%以上；累计关停小火电机组 7 682.5 万 kW，提前一年半完成关闭 5 000 万 kW 的任务；钢铁、水泥、焦化及造纸、酒精、味精、柠檬酸等高耗能、高排放行业淘汰落后产能均超额完成任务。

2010 年度及“十一五”全国主要污染物总量减排考核结果中的数据，对比的基期有的是 2009 年，有的是 2005 年，有的是《“十一五”期间全国主要污染物排放总量控制计划》下达的总量控制任务数。

4.3.1.2 比例分析法

用相对值（比例）去分析数据间的关系和规律叫做比例分析法，也是一种基本分析方法、通过某实际数占某一基数的相对比例，来揭示此实际数的影响大小及重要性程度。

例如第一、第二、第三产业，是根据社会生产活动的顺序对产业结构的划分。而三次产业结构，是国民经济中，产业结构问题的第一位的重要关系。一国（或地区）某一时期（通常指一年）的国内生产总值（GDP），是该国（或地区）所有常住单位在该时期生产活动的增加值之和。由于一国（或地区）的所有常住单位构成国民经济各部门，因此，国内生产总值也就是第一、第二、第三产业的增加值之和。一国（或地区）第一、第二、第三产业的增加值占 GDP 的比重状况，是集中描述其三次产业结构的第一个重要的比例关系。

例 1：我国三次产业的构成比例情况

从结构相对指标将国内生产总值区分为第一产业增加值、第二产业增加值、第三产业增加值，以部分总量与国内生产总值总量对比求得比重或者比率来反映我国国内生产总值三次产业组成状况变动情况（表 4-9）。

表 4-9 1978—2011 年我国国内生产总值三次产业的构成比例

年份	第一产业增加值占 GDP 比重（现价）/%	第二产业增加值占 GDP 比重（现价）/%	第三产业增加值占 GDP 比重（现价）/%
1978	28.2	47.9	23.9
1979	31.3	47.1	21.6
1980	30.2	48.2	21.6
1981	31.9	46.1	22
1982	33.4	44.8	21.8
1983	33.2	44.4	22.4
1984	32.1	43.1	24.8
1985	28.4	42.9	28.7
1986	27.2	43.7	29.1
1987	26.8	43.6	29.6
1988	25.7	43.8	30.5
1989	25.1	42.8	32.1
1990	27.1	41.3	31.6
1991	24.5	41.8	33.7
1992	21.8	43.4	34.8
1993	19.7	46.6	33.7
1994	19.8	46.6	33.6

年份	第一产业增加值占 GDP 比重（现价）/%	第二产业增加值占 GDP 比重（现价）/%	第三产业增加值占 GDP 比重（现价）/%
1995	19.9	47.2	32.9
1996	19.7	47.5	32.8
1997	18.3	47.5	34.2
1998	17.6	46.2	36.2
1999	16.5	45.8	37.7
2000	15.1	45.9	39
2001	14.4	45.1	40.5
2002	13.7	44.8	41.5
2003	12.8	46	41.2
2004	13.4	46.2	40.4
2005	12.1	47.4	40.5
2006	11.1	48	40.9
2007	10.8	47.3	41.9
2008	10.7	47.5	41.8
2009	10.3	46.3	43.4
2010	10.1	46.8	43.1
2011	10.1	46.8	43.1

例 2：环保投资占 GDP 的比重

1981 年至今，环保投资总量呈持续递增趋势，从“十五”开始，递增趋势较明显，环保投资占 GDP 的比重出现波动但总体亦呈递增趋势。“十一五”期间，环保投资总量达 21 620 亿元，较“十五”增长 157.4%；环保投资占 GDP 的比重达 1.44%，较“十五”增长 0.26 个百分点（表 4-10）。

表 4-10　1999—2010 年我国环保投资占 GDP 的比重

年份	环境污染治理项目投资额/亿元	GDP（现价）/亿元	环保投资占 GDP 的比重/%
1999	823.2	89 677.05	0.92
2000	1 014.9	99 214.55	1.02
2001	1 106.6	109 655.17	1.01
2002	1 367.2	120 332.69	1.14
2003	1 627.7	135 822.76	1.20
2004	1 909.8	159 878.34	1.19
2005	2 388	184 937.37	1.29
2006	2 566	216 314.43	1.19
2007	3 387.3	265 810.31	1.27
2008	4 490.3	314 045.43	1.43
2009	4 525.3	340 902.81	1.33
2010	6 654.2	401 202.03	1.66

比例相对指标可以反映社会经济的重大比例关系，如投资与消费、进口与出口、环保投资与经济增长、第一产业、第二产业、第三产业等之间的关系，判断比例关系是否协调，以促进国民经济持续快速协调健康发展。

4.3.1.3 速度分析法

速度分析法是考察事物指标增长速度的一种分析方法。计算增长速度是经济统计分析中最常用的方法之一，增长速度是衡量经济发展快慢的重要指标。

根据是否剔除价格因素的影响，增长速度可以分为现价（或者名义）增长速度和不变价（或者实际）增长速度；前者包含价格因素，后者对价格因素进行了剔除。根据计算的基期不同，增长速度又可以分为同比增长率和环比增长率；前者是与 2009 年同期相比的增长速度，后者则是与上期（天、月、季）相比的增长速度。

速度分析又分发展速度分析和增长速度分析。发展速度是报告期水平与基期水平之比得出的相对数，一般用百分数表示。针对不同的对比基期，有三种发展速度。①环比发展速度，即报告期水平与前一期水平之比，如果计算单位时期为一年，则叫年速度；如果计算单位时期为季度，则叫季度速度；如果计算单位时期为月，则叫月速度。②定基发展速度，即报告期水平与某一固定基期水平之比，如以 2005 年为基期，2010 年与 2005 年的水平之比即为“十一五”期间某一指标的总速度。③年距发展速度，即报告期水平与 2011 年同期水平之比，如 2011 年 8 月 12 日与 2010 年 8 月 12 日某一指标水平之比记为年距发展速度。定基发展速度与环比发展速度之间的数量关系为：相应各期环比发展速度的连乘积为定基发展速度。增长速度是增长量与其相应的基期发展水平之比，与发展速度类似，也有三种增长速度。①环比增长速度，即环比增长量与前一期发展水平之比，如果计算单位时期为一年，则叫年增长速度；如果计算单位时期为季度，则叫季度增长速度；如果计算单位时期为月，则叫月增长速度。②定基增长速度，即定基增长量与某一固定基期发展水平之比。③年距增长速度，即年距增长量与 2011 年同期发展水平之比。

例 1：1991—2010 年我国工业废气排放量的发展速度与增长速度的计算结果如表 4-11 所示，其中定基发展速度和定基增长速度以 1991 年为基期。

表 4-11 1991—2010 年我国工业废气排放量的发展速度与增长速度

年份	工业废气排放量/亿 m^3	环比发展速度	环比增长速度/%	定基发展速度	定基增长速度/%
1991	84 734	—	—	—	—
1992	89 633	1.06	5.78	1.06	5.78
1993	93 423	1.04	4.23	1.10	10.25
1994	97 463	1.04	4.32	1.15	15.02
1995	107 478	1.10	10.28	1.27	26.84
1996	111 196	1.03	3.46	1.31	31.23
1997	113 375	1.02	1.96	1.34	33.80

年份	工业废气排放量/亿 m³	环比发展速度	环比增长速度/%	定基发展速度	定基增长速度/%
1998	121 203	1.07	6.90	1.43	43.04
1999	126 807	1.05	4.62	1.50	49.65
2000	138 145	1.09	8.94	1.63	63.03
2001	160 863	1.16	16.45	1.90	89.84
2002	175 257	1.09	8.95	2.07	106.83
2003	198 906	1.13	13.49	2.35	134.74
2004	237 696	1.20	19.50	2.81	180.52
2005	268 988	1.13	13.16	3.17	217.45
2006	330 992	1.23	23.05	3.91	290.62
2007	388 169	1.17	17.27	4.58	358.10
2008	403 866	1.04	4.04	4.77	376.63
2009	436 064	1.08	7.97	5.15	414.63
2010	519 168	1.19	19.06	6.13	512.70

注：表中排放量以标准状态下的立方米计算。

例 2：2008 年 1 月—2012 年 7 月我国进口总额的发展速度与增长速度的计算结果如表 4-12 所示，其中定基发展速度和定基增长速度以 2008 年 1 月为基期。

表 4-12　2008 年 1 月—2012 年 7 月我国进口总额的发展速度与增长速度

时间	当月进口额/亿美元	环比发展速度	环比增长速度/%	定基发展速度	定基增长速度/%
2008-01	901.74	—	—	—	—
2008-02	788.13	0.87	−12.60	0.87	−12.60
2008-03	955.56	1.21	21.24	1.06	5.97
2008-04	1 021.03	1.07	6.85	1.13	13.23
2008-05	1 002.86	0.98	−1.78	1.11	11.21
2008-06	1 001.80	1.00	−0.11	1.11	11.10
2008-07	1 113.97	1.11	11.20	1.24	23.54
2008-08	1 061.78	0.95	−4.68	1.18	17.75
2008-09	1 070.65	1.01	0.84	1.19	18.73
2008-10	930.88	0.87	−13.06	1.03	3.23
2008-11	748.97	0.80	−19.54	0.83	−16.94
2008-12	721.77	0.96	−3.63	0.80	−19.96
2009-01	513.44	0.71	−28.86	0.57	−43.06
2009-02	600.54	1.17	16.96	0.67	−33.40
2009-03	717.29	1.19	19.44	0.80	−20.46
2009-04	788.00	1.10	9.86	0.87	−12.61
2009-05	753.69	0.96	−4.35	0.84	−16.42
2009-06	871.76	1.16	15.67	0.97	−3.33
2009-07	947.91	1.09	8.73	1.05	5.12
2009-08	879.95	0.93	−7.17	0.98	−2.42
2009-09	1 030.06	1.17	17.06	1.14	14.23
2009-10	867.75	0.84	−15.76	0.96	−3.77

时间	当月进口额/亿美元	环比发展速度	环比增长速度/%	定基发展速度	定基增长速度/%
2009-11	945.60	1.09	8.97	1.05	4.86
2009-12	1 122.94	1.19	18.75	1.25	24.53
2010-01	953.07	0.85	−15.13	1.06	5.69
2010-02	869.10	0.91	−8.81	0.96	−3.62
2010-03	1 193.48	1.37	37.32	1.32	32.35
2010-04	1 182.39	0.99	−0.93	1.31	31.12
2010-05	1 122.28	0.95	−5.08	1.24	24.46
2010-06	1 173.74	1.05	4.59	1.30	30.16
2010-07	1 167.89	1.00	−0.50	1.30	29.51
2010-08	1 192.66	1.02	2.12	1.32	32.26
2010-09	1 281.10	1.07	7.42	1.42	42.07
2010-10	1 088.33	0.85	−15.05	1.21	20.69
2010-11	1 304.36	1.20	19.85	1.45	44.65
2010-12	1 410.69	1.08	8.15	1.56	56.44
2011-01	1 442.73	1.02	2.27	1.60	59.99
2011-02	1 040.64	0.72	−27.87	1.15	15.40
2011-03	1 520.60	1.46	46.12	1.69	68.63
2011-04	1 442.63	0.95	−5.13	1.60	59.98
2011-05	1 441.10	1.00	−0.11	1.60	59.81
2011-06	1 397.08	0.97	−3.05	1.55	54.93
2011-07	1 436.44	1.03	2.82	1.59	59.30
2011-08	1 555.57	1.08	8.29	1.73	72.51
2011-09	1 551.59	1.00	-0.26	1.72	72.07
2011-10	1 404.58	0.91	−9.48	1.56	55.76
2011-11	1 599.36	1.14	13.87	1.77	77.36
2011-12	1 581.97	0.99	−1.09	1.75	75.43
2012-01	1 226.61	0.78	−22.46	1.36	36.03
2012-02	1 459.54	1.19	18.99	1.62	61.86
2012-03	1 603.11	1.10	9.84	1.78	77.78
2012-04	1 448.25	0.90	−9.66	1.61	60.60
2012-05	1 624.41	1.12	12.16	1.80	80.14
2012-06	1 484.82	0.91	−8.59	1.65	64.66
2012-07	1 517.93	1.02	2.23	1.68	68.33

4.3.1.4 动态分析法

动态分析法是以事物所显现出来的数量特征为标准，判断分析研究对象是否符合正常发展趋势的要求，深入研究其偏离正常发展趋势的原因，并对未来的发展趋势进行预测的一种统计分析方法。动态分析法主要通过时间序列数据，计算出相应的动态分析指标，从而测定其长期趋势、季节变动的规律，并进行统计预测，为决策提供参考依据。

动态分析法常常用于观察某一个指标或者某一些指标在一个较长时期内的变化，分析的主要目的是通过指标的变化挖掘出稳定的规律，找出指标的适度区间。经济发展过程中由于受到多种不同的因素的影响，指标的适度区间往往是不一致的，这时就需要根据历史数据，进行对比分析，找出最适合经济发展的指标值。在运用动态分析法时需要注意历史数据的可比性，指标之间的口径是否一致。

时间序列的重要特点包括：趋势、转折点和指标间的一致性。趋势是指随着时间的延续，序列的数值是升还是降；转折点是指序列曲线走势在该点由上升（或下降）变为下降（上升），或者上升（或下降）的速度比此前更快（或更慢）。指标间的一致性是指不同行业主要指标之间的比例关系是否合理，或者同一指标月度、季度和年度数据是否协调等。

时间序列因素分解。一个时间序列通常受多种因素影响，可以把这些因素分解为趋势—循环因素、季节因素、不规则因素等。趋势—循环因素反映序列的基本水平，较平滑，包括长于一年的变动和循环，可能含转折点。季节因素反映序列在不同年份的相同季节（同一月，同一季）所呈现出的周期性变化，它存在的主要原因是自然因素，另外还有行政或法律规定以及社会、文化、宗教等传统因素。不规则因素在什么时间出现、影响程度和持续时间都不可预测，存在不规则因素的原因可能是不合季节的天气、罢工、样本误差和非样本误差等。这些统计序列通常在正常年度中表现出季节规律性变化，这种现象被称为季节效应。季节效应之“季节”是一个广义概念，既可以是自然界的四季，也可以使人类社会确定的“节日”或“交易日”等“季节”。

例 1：中国出口额月度数据动态分析法，运用加法模型把其分解成趋势—循环因素、季节因素、不规则因素等（见表 4-13）。

表 4-13　2008 年 1 月—2012 年 7 月我国出口总额的数据动态分析（加法模型）

时间	出口额	趋势—循环因素	季节因素	不规则因素
2008-01	1 096.400 3	1 195.107 3	−113.425 8	14.718 8
2008-02	873.678 0	1 194.178 2	−325.652 3	5.152 0
2008-03	1 089.628 9	1 196.004 6	−70.793 3	−35.582 4
2008-04	1 187.710 8	1 200.308 1	−42.256 8	29.659 5
2008-05	1 204.964 9	1 209.930 1	−0.157 9	−4.807 3
2008-06	1 211.795 5	1 224.723 8	27.479 8	−40.408 0
2008-07	1 366.750 5	1 234.477 0	126.434 7	5.838 8
2008-08	1 348.726 8	1 228.450 3	93.301 3	26.975 2
2008-09	1 364.320 9	1 202.350 2	123.428 4	38.542 3
2008-10	1 283.270 3	1 158.455 6	2.779 1	122.035 6
2008-11	1 149.872 9	1 106.112 5	76.626 2	−32.865 9
2008-12	1 111.572 2	1 053.304 8	102.236 7	−43.969 3
2009-01	904.536 0	1 008.890 6	−113.425 8	9.071 2
2009-02	648.946 5	976.723 4	−325.652 3	−2.124 6

时间	出口额	趋势—循环因素	季节因素	不规则因素
2009-03	902.905 5	953.104 8	−70.793 3	20.593 9
2009-04	919.347 2	934.514 7	−42.256 8	27.089 4
2009-05	887.578 9	923.687 6	−0.157 9	−35.950 8
2009-06	955.120 3	923.456 3	27.479 8	4.184 1
2009-07	1 054.202 4	938.825 1	126.434 7	−11.057 4
2009-08	1 037.070 1	970.265 3	93.301 3	−26.496 5
2009-09	1 159.379 9	1 016.238 7	123.428 4	19.712 9
2009-10	1 107.623 8	1 070.392 1	2.779 1	34.452 7
2009-11	1 136.534 3	1 122.136 5	76.626 2	−62.228 5
2009-12	1 307.238 8	1 164.816 1	102.236 7	40.186 1
2010-01	1 094.753 0	1 198.710 2	−113.425 8	9.468 6
2010-02	945.227 1	1 226.430 9	−325.652 3	44.448 5
2010-03	1 121.117 9	1 251.217 4	−70.793 3	−59.306 2
2010-04	1 199.206 7	1 273.642 2	−42.256 8	−32.178 7
2010-05	1 317.606 6	1 290.737 8	−0.157 9	27.026 7
2010-06	1 373.955 8	1 304.451 1	27.479 8	42.024 9
2010-07	1 455.193 2	1 318.277 9	126.434 7	10.480 7
2010-08	1 393.022 3	1 332.809 2	93.301 3	−33.088 2
2010-09	1 449.852 9	1 350.359 7	123.428 4	−23.935 2
2010-10	1 359.784 2	1 374.317 4	2.779 1	−17.312 2
2010-11	1 533.257 6	1 409.436 5	76.626 2	47.195 0
2010-12	1 541.489 0	1 451.819 4	102.236 7	−12.567 1
2011-01	1 507.341 5	1 493.360 1	−113.425 8	127.407 2
2011-02	967.361 3	1 528.387 7	−325.652 3	−235.374 1
2011-03	1 521.990 7	1 557.316 8	−70.793 3	35.467 2
2011-04	1 556.840 8	1 581.189 0	−42.256 8	17.908 6
2011-05	1 571.571 9	1 597.004 0	−0.157 9	−25.274 2
2011-06	1 619.807 7	1 604.396 6	27.479 8	−12.068 7
2011-07	1 751.280 4	1 606.213 7	126.434 7	18.632 0
2011-08	1 733.157 0	1 607.478 5	93.301 3	32.377 2
2011-09	1 696.730 1	1 608.888 3	123.428 4	−35.586 6
2011-10	1 574.907 7	1 612.935 9	2.779 1	−40.807 3
2011-11	1 744.641 2	1 618.234 6	76.626 2	49.780 4
2011-12	1 747.176 5	1 627.333 9	102.236 7	17.606 0
2012-01	1 499.391 1	1 643.443 8	−113.425 8	−30.626 9
2012-02	1 144.706 9	1 665.730 2	−325.652 3	−195.371 0
2012-03	1 656.581 0	1 690.457 2	−70.793 3	36.917 0
2012-04	1 632.517 1	1 716.187 4	−42.256 8	−41.413 5
2012-05	1 811.407 6	1 741.550 0	−0.157 9	70.015 5
2012-06	1 802.044 7	1 763.459 4	27.479 8	11.105 5
2012-07	1 769.400 3	1 781.165 1	126.434 7	−138.199 4

例 2：中国出口额月度数据动态分析法，运用乘法模型把其分解成趋势—循环因素、季节因素、不规则因素等（见表 4-14）。

表 4-14 2008 年 1 月—2012 年 7 月我国出口总额的数据动态分析（乘法模型）

时间	出口额	趋势—循环因素	季节因素	不规则因素
2008-01	1096.400 3	1 213.145 9	0.911 0	0.992 1
2008-02	873.678 0	1 210.275 5	0.696 5	1.036 4
2008-03	1 089.628 9	1 209.059 2	0.958 9	0.939 8
2008-04	1 187.710 8	1 209.560 1	0.967 4	1.015 0
2008-05	1 204.964 9	1 214.846 8	0.997 3	0.994 5
2008-06	1 211.795 5	1 224.474 1	1.019 8	0.970 4
2008-07	1 366.750 5	1 230.411 5	1.102 6	1.007 5
2008-08	1 348.726 8	1 223.647 0	1.077 6	1.022 9
2008-09	1 364.320 9	1 198.583 0	1.108 4	1.026 9
2008-10	1 283.270 3	1 153.898 2	1.011 7	1.099 3
2008-11	1 149.872 9	1 098.523 2	1.063 8	0.983 9
2008-12	1 111.572 2	1 040.722 5	1.084 9	0.984 5
2009-01	904.536 0	990.531 4	0.911 0	1.002 4
2009-02	648.946 5	954.602 5	0.696 5	0.976 0
2009-03	902.905 5	932.072 8	0.958 9	1.010 2
2009-04	919.347 2	920.719 7	0.967 4	1.032 1
2009-05	887.578 9	921.028 8	0.997 3	0.966 3
2009-06	955.120 3	931.834 7	1.019 8	1.005 1
2009-07	1 054.202 4	953.753 1	1.102 6	1.002 5
2009-08	1 037.070 1	986.373 8	1.077 6	0.975 7
2009-09	1 159.379 9	1 027.780 4	1.108 4	1.017 7
2009-10	1 107.623 8	1 075.402 0	1.011 7	1.018 1
2009-11	1 136.534 3	1 122.162 1	1.063 8	0.952 0
2009-12	1 307.238 8	1 163.350 8	1.084 9	1.035 7
2010-01	1 094.753 0	1 199.434 2	0.911 0	1.001 9
2010-02	945.227 1	1 231.160 3	0.696 5	1.102 3
2010-03	1 121.117 9	1 259.245 6	0.958 9	0.928 4
2010-04	1 199.206 7	1 282.505 0	0.967 4	0.966 5
2010-05	1 317.606 6	1 297.325 0	0.997 3	1.018 4
2010-06	1 373.955 8	1 306.206 7	1.019 8	1.031 4
2010-07	1 455.193 2	1 313.083 6	1.102 6	1.005 1
2010-08	1 393.022 3	1 320.641 8	1.077 6	0.978 9
2010-09	1 449.852 9	1 334.846 5	1.108 4	0.979 9
2010-10	1 359.784 2	1 360.081 8	1.011 7	0.988 3
2010-11	1 533.257 6	1 398.909 2	1.063 8	1.030 3
2010-12	1 541.489 0	1 447.741 7	1.084 9	0.981 4

时间	出口额	趋势—循环因素	季节因素	不规则因素
2011-01	1 507.341 5	1 496.802 3	0.911 0	1.105 4
2011-02	967.361 3	1 537.673 5	0.696 5	0.903 2
2011-03	1 521.990 7	1 568.421 7	0.958 9	1.012 0
2011-04	1 556.840 8	1 588.190 8	0.967 4	1.013 3
2011-05	1 571.571 9	1 595.121 5	0.997 3	0.987 9
2011-06	1 619.807 7	1 591.771 8	1.019 8	0.997 8
2011-07	1 751.280 4	1 583.019 7	1.102 6	1.003 4
2011-08	1 733.157 0	1 577.022 7	1.077 6	1.019 9
2011-09	1 696.730 1	1 576.298 5	1.108 4	0.971 1
2011-10	1 574.907 7	1 583.599 7	1.011 7	0.983 0
2011-11	1 744.641 2	1 596.682 9	1.063 8	1.027 1
2011-12	1 747.176 5	1 616.049 2	1.084 9	0.996 5
2012-01	1 499.391 1	1 642.590 5	0.911 0	1.002 0
2012-02	1 144.706 9	1 672.642 1	0.696 5	0.982 6
2012-03	1 656.581 0	1 701.324 9	0.958 9	1.015 4
2012-04	1 632.517 1	1 727.422 6	0.967 4	0.976 9
2012-05	1 811.407 6	1 750.511 9	0.997 3	1.037 6
2012-06	1 802.044 7	1 768.848 0	1.019 8	0.999 0
2012-07	1 769.400 3	1 780.095 6	1.102 6	0.901 5

4.3.1.5 弹性分析法

弹性分析法是利用弹性系数来考察某一自变量变动，而引起相应应变量变动程度的统计分析方法。通常来说，两个变量之间的关系越密切，相应的弹性系数就越大；两个变量相关性越小，相应的弹性系数就越小。

例 1：税收弹性分析

自 1994 年税制改革以来，我国税收收入保持了较高的增长速度。一方面，这来自国民经济的稳定发展，良好的企业效益为税收的增长提供了稳定的来源；另一方面，国家积极实行各种财政政策和产业结构调整政策，这对促进国民经济发展，并最终作用于税收收入起到了关键性作用。一般来讲，经济是税收的基础和源泉，税收的增长进一步表示税收与 GDP 保持同步增长状态。只有经济实现了增长，社会财富才会增多，税收收入的规模才可能扩大，税收才能实现增长。经济总量的增长，相当于扩大了税基，在现有政策和管理水平不变的情况下，税收收入也会实现一定比例的同向增长（见表 4-15）。税收弹性系数是指税收对经济增长的反应程度，即税收收入增长率与经济增长率之比，其公式为：

税收弹性系数 = 税收收入增长率/GDP 增长率

表 4-15　我国税收收入与国内生产总值弹性系数

年份	税收/亿元	税收增长率/%	GDP/亿元	GDP 增长率/%	税收弹性系数
1994	5 070.79	—	48 197.9	—	—
1995	5 973.75	17.81	60 793.7	26.13	0.68
1996	7 050.61	18.03	71 176.6	17.08	1.06
1997	8 225.51	16.66	78 973.0	10.95	1.52
1998	9 092.99	10.55	84 402.3	6.87	1.53
1999	10 314.97	13.44	89 677.1	6.25	2.15
2000	12 665.8	22.79	99 214.6	10.64	2.14
2001	15 165.47	19.74	109 655.2	10.52	1.88
2002	16 996.56	12.07	120 332.7	9.74	1.24
2003	20 466.14	20.41	135 822.8	12.87	1.59
2004	25 723.48	25.69	159 878.3	17.71	1.45
2005	30 867.03	20.00	184 937.4	15.67	1.28
2006	37 637.05	21.93	216 314.4	16.97	1.29
2007	49 451.8	31.39	265 810.3	22.88	1.37
2008	57 861.8	17.01	314 045.4	18.15	0.94
2009	63 103.74	9.06	340 902.8	8.43	1.06
2010	77 389.85	22.64	401 202.0	17	1.28

从表 4-15 可以看出，2007—2010 年，税收弹性系数变化很大，有明显的下降或上升趋势，税收收入弹性系数反映了税收收入相对于经济增长的反应程度。自 1997 年开始，我国税收收入与国内生产总值弹性系数大于 1；由于受金融危机影响，2008 为 0.94，表明税收收入的增长速度大于经济增长速度，1999 年、2000 年的税收弹性系数均超过了 2。

例 2：环保投资弹性分析

环境保护是我国的一项基本国策，近年来，随着我国经济实力的不断增强和环保投资政策的转变，我国环保投资的数量和质量有了较大幅度的提高，环保投资逐步增长，在控制环境污染、保护自然生态、执行基本国策、实施可持续发展战略等方面发挥越来越大的作用。一般来说，经济是环保投资的基础和源泉，环保投资的增长离不开 GDP 的同步增长。只有经济实现了增长，环保投资的规模才可能扩大，环保投资才能实现增长。经济总量的增长，相当于扩大了环保投资的财政来源，在党中央、国务院始终把环境保护放在重要的战略位置的背景下，环保投资也会实现一定比例的同向增长（见表 4-16）。所谓环保投资弹性系数是指环保投资对经济增长的反应程度，即环境污染治理项目投资额增长率与经济增长率之比，其公式为：

环保投资弹性系数 = 环境污染治理项目投资额增长率/GDP 增长率

表 4-16 我国环境污染治理项目投资额与国内生产总值弹性系数

年份	环境污染治理项目投资额/亿元	投资额增长率	GDP/亿元	GDP 增长率	环保投资弹性系数
1999	823.20	—	89 677.05	—	—
2000	1 014.90	23.29%	99 214.55	10.64%	2.19
2001	1 106.60	9.04%	109 655.17	10.52%	0.86
2002	1 367.20	23.55%	120 332.69	9.74%	2.42
2003	1 627.70	19.05%	135 822.76	12.87%	1.48
2004	1 909.80	17.33%	159 878.34	17.71%	0.98
2005	2 388.00	25.04%	184 937.37	15.67%	1.60
2006	2 566.00	7.45%	216 314.43	16.97%	0.44
2007	3 387.30	32.01%	265 810.31	22.88%	1.40
2008	4 490.30	32.56%	314 045.43	18.15%	1.79
2009	4 525.30	0.78%	340 902.81	8.55%	0.09
2010	6 654.20	47.04%	401 202.03	17.69%	2.66

4.3.1.6 因素分析法

因素分析法是用来考察受多种因素影响的某种事物，在其总变动中各个影响因素的影响方向和影响程度高低的一种统计分析方法。通常来讲，因素分析法主要有差额分析法和连环替代分析法。

如果各个项目因素与某一个指标的关系为加或减的关系时，可以采用差额分析法。差额分析法也叫绝对分析法，就是直接利用各因素的预算（计划）与实际的差值来按顺序计算，确定其变动对分析对象的影响程度。它是连环替代法简化而成的一种分析方法的特殊形式，是利用各个因素的数值与基准值的差额，来计算各因素对分析指标的影响。它通过分析财务报表中有关科目的绝对数值的大小，判断公司的财务状况和经营成果。差额分析法应用的范围很广，如在分析各子项目收入对总收入的影响、各种产品利润对总利润的影响、各种成本变化对总成本的影响时，都可以运用差额分析法。

如果各个项目因素与某一个指标为相乘的关系时，可以采用连环替代分析法。连环替代是在分析其中一个因素变动时，将另外一个因素固定下来，也就是假设一个因素不变时，分析另外一个因素对指标的影响。

例：差额分析法与连环替代分析法的比较

设某一分析指标 R 是由相互联系的 A、B、C 三个因素相乘得到，报告期（实际）指标和基期（计划）指标为：报告期（实际）指标 $R_1=A_1\times B_1\times C_1$。基期（计划）指标 $R_0=A_0\times B_0\times C_0$，在测定各因素变动对指标 R 的影响程度时可按顺序进行：基期（计划）指标：$R_0=A_0\times B_0\times C_0$，第一次替代：$A_1\times B_0\times C_0$，第二次替代：$A_1\times B_1\times C_0$，第三次替代：$R_1=A_1\times B_1\times C_1$。差额分析法是连环替代法的简化方法，其计算结果如表 4-17 所示。

表 4-17　差额分析法与连环替代分析法

影响	差额分析法	连环替代分析法
A 变动对 R 的影响	$A_1 \times B_0 \times C_0 - A_0 \times B_0 \times C_0$	$(A_1 - A_0) \times B_0 \times C_0$
B 变动对 R 的影响	$A_1 \times B_1 \times C_0 - A_1 \times B_0 \times C_0$	$A_1 \times (B_1 - B_0) \times C_0$
C 变动对 R 的影响	$A_1 \times B_1 \times C_1 - A_1 \times B_1 \times C_0$	$A_1 \times B_1 \times (C_1 - C_0)$
总影响	$\triangle R = R_1 - R_0$	$\triangle R = R_1 - R_0$

4.3.1.7　相关分析法

相关分析法是考察一个经济变量与另一个经济变量的相关关系，也就是其数量依存关系的一种统计分析方法。在进行相关分析之前必须先利用经济理论及相关的专业背景知识进行初步判断两者是否存在相关关系，然后再根据历史数据进行相关系数的计算。

相关分析法在现实中运用广泛，如判断国内生产总值的走势，可以参考与国内生产总值相关程度高的经济指标：固定资产投资、工业增加值、消费水平、出口贸易、信贷水平等。再如税收收入与国内生产总值的关系、粮食产量与农民纯收入的关系、环保投资与财政收入的关系、用电量与工业发展水平的关系等，都可以用到相关分析法。

在对二元变量进行相关分析时，相关系数用于计算反映两变量的简单相关，包括两个连续变量的相关和两个等级变量的秩相关。计算相关系数的方法有三种：皮尔逊（Pearson）相关法、斯皮文（Spearman）相关法和肯得尔（Kendall）相关法。其中，皮尔逊相关法应用较广。因此我们选择皮尔逊相关法分析。

当相关系数 $r=0$ 时，表示不存在线性相关；$0<r\leqslant 0.3$ 时，表示微弱相关；$0.3<r\leqslant 0.5$ 时，表示低度相关；$0.5<r\leqslant 0.8$ 时，表示显著相关；$0.8<r\leqslant 1$ 时，表示高度相关；$r=1$ 时，表示完全线性相关。

例：治理工业污染项目投资与工业污染排放量的相关性分析

治理工业污染项目投资与工业废水排放量、工业废气排放量、工业二氧化硫排放量、工业烟尘排放量、工业粉尘排放量、工业固体废物排放量等工业污染排放量有着一定的关系，对其进行相关性分析可以发现其中的相关性，从而更有针对性地进行环保投资（见表 4-18、表 4-19）。

表 4-18　治理工业污染项目投资与工业污染排放量

年份	治理工业污染项目投资额/万元	工业废水排放量/万 t	工业废气排放量/亿 m^3	工业二氧化硫排放量/万 t	工业烟尘排放量/万 t	工业粉尘排放量/万 t	工业固体废物排放量/万 t
1991	597 306	2 356 608	84 734	1 165	845	578	3 376
1992	646 661	2 338 534	89 633	1 323	870	576	2 587
1993	693 270	2 194 919	93 423	1 292	880	617	2 152
1994	833 313	2 155 111	97 463	1 341	807	583	1 932

年份	治理工业污染项目投资额/万元	工业废水排放量/万 t	工业废气排放量/亿 m^3	工业二氧化硫排放量/万 t	工业烟尘排放量/万 t	工业粉尘排放量/万 t	工业固体废物排放量/万 t
1995	987 376	2 218 943	107 478	1 405	838	639	2 242
1996	956 135	2 058 881	111 196	1 364	758	562	1 690
1997	1 164 386	1 883 296	113 375	1 363	685	548	1 549
1998	1 220 461	2 006 331	121 203	1 593	1 175	1 322	7 048
1999	1 527 307	1 973 036	126 807	1 460	953	1 175	3 880
2000	2 347 895	1 942 405	138 145	1 612	953	1 092	3 186
2001	1 745 280	2 030 000	160 863	1 566	852	991	2 894
2002	1 883 663	2 070 000	175 257	1 562	804	941	2 635
2003	2 218 281	2 120 000	198 906	1 792	846	1 021	1 941
2004	3 081 060	2 210 000	237 696	1 891	887	905	1 762
2005	4 581 909	2 430 000	268 988	2 168	949	911	1 655
2006	4 839 000	2 080 440	330 992	2 042	775	722	1 302
2007	5 524 000	2 466 493	388 169	2 140	771	699	1 197
2008	5 426 000	2 416 511	403 866	1 991	671	585	782
2009	4 426 000	2 343 857	436 064	1 866	604	524	710
2010	3 970 000	2 374 732	519 168	1 705	549	409	498

表 4-19 治理工业污染项目投资与工业污染排放量的相关分析矩阵

		治理工业污染项目投资额	工业废水排放量	工业废气排放量	工业二氧化硫排放量	工业烟尘排放量	工业粉尘排放量	工业固体废物排放量
治理工业污染项目投资额	皮尔逊相关系数	1	0.518*	0.900**	0.935**	−0.397	−0.104	−0.537*
	双侧检验 P 值		0.019	0.000	0.000	0.083	0.664	0.015
	N	20	20	20	20	20	20	20
工业废水排放量	皮尔逊相关系数	0.518*	1	0.560*	0.402	−0.348	−0.500*	−0.467*
	双侧检验 P 值	0.019		0.010	0.079	0.133	0.025	0.038
	N	20	20	20	20	20	20	20
工业废气排放量	皮尔逊相关系数	0.900**	0.560*	1	0.762**	−0.616**	−0.297	−0.596**
	双侧检验 P 值	0.000	0.010		0.000	0.004	0.203	0.006
	N	20	20	20	20	20	20	20
工业二氧化硫排放量	皮尔逊相关系数	0.935**	0.402	0.762**	1	−0.141	0.151	−0.379
	双侧检验 P 值	0.000	0.079	0.000		0.553	0.524	0.100
	N	20	20	20	20	20	20	20
工业烟尘排放量	皮尔逊相关系数	−0.397	−0.348	−0.616**	−0.141	1	0.803**	0.855**
	双侧检验 P 值	0.083	0.133	0.004	0.553		0.000	0.000
	N	20	20	20	20	20	20	20
工业粉尘排放量	皮尔逊相关系数	−0.104	−0.500*	−0.297	0.151	0.803**	1	0.725**
	双侧检验 P 值	0.664	0.025	0.203	0.524	0.000		0.000
	N	20	20	20	20	20	20	20
工业固体废物排放量	皮尔逊相关系数	−0.537*	−0.467*	−0.596**	−0.379	0.855**	0.725**	1
	双侧检验 P 值	0.015	0.038	0.006	0.100	0.000	0.000	
	N	20	20	20	20	20	20	20

注：在治理污染统计样本 N=20 时。

4.3.1.8　模型分析法

模型分析法是利用数学模型对经济运行的内在规律、发展趋势进行分析和预测的一种统计分析方法。经济数学模型有很多种，其中运用较多的是计量经济学模型，它是以一定的经济学理论和统计资料为基础，综合运用数学、统计学方法与计算机技术，建立计量经济模型揭示经济活动中各个因素之间的定量关系，用随机性的数学方程加以描述。依据不同数据、不同的假定继而衍生出不同的模型，主要有截面数据模型、时间序列模型和面板数据模型等。

4.3.1.9　综合评价分析法

综合评价分析法是运用多个指标对多个参评单位进行评价的方法，或称为多变数综合评价方法，或简称为综合评价法。建立综合评价指标体系，是进行综合评价分析的基础和依据，其基本思想是将多个指标转化成一个能够反映综合情况的指标进行分析评价。

在综合评价过程中，一般要根据指标的重要性进行加权处理，评价结果不再是具有具体含义的统计指标，而是以指数或者分值表示评价对象“综合状况”的排名。目前非常流行的企业综合竞争力评价排名、绿色低碳发展竞争力排名、国家经济实力排名、工业行业竞争力排名等，均可以采用综合评价分析法。

对于选定的评价指标体系，由于各个指标的计量单位不同且数量级相差较大，所以一般不能直接进行综合计算，所以在进行综合评价之前，必须先将各指标进行无量纲化处理，变换为无量纲的指数化数值或分值，再进行综合计算。目前，实践中常用的无量纲化方法有多种，如标准差标准化法（Z-score）、极值法、归一化处理、均值法，秩变换分析法等。

综合评价法中一个重要环节就是各指标权重的确定，而且权重反映了各分指标的相对重要性，所以权重系数的确定合理与否，关系到综合评价结果的可信程度。因此，对权重系数的确定应特别谨慎。为了保证权重确定的科学合理，通常采用专家意见法和层次分析法对各指标层权重进行赋值，然后再将以上两种方法确定的指标权重进行简单平均，得到各层评价指标的权重。

（1）专家意见法。其计算公式如下：

$$a_j = \sum_{j=1}^{m} \left(a_{ij}\right) / n$$

式中：n——评委的数量；

m——评价指标总数，j=1，2，…，m；

a_j——第 j 个指标的权数平均值；

a_{ij}——第 i 个评委给第 j 个指标权数的打分值。

然后进行归一化处理，归一化公式如下：

$$a'_j = a_j \Big/ \sum_{j=1}^{m} \left(a_j \right)$$

最后得到的结果就代表评委专家们的意见。

（2）层次分析法。层次分析法（Analytic Hierarchy Process，AHP）是美国著名的运筹学家 T. L. Satty 等在 20 世纪 70 年代提出的一种定性与定量分析相结合的多准则决策方法。它是将决策问题的有关元素分解成目标、准则、方案等层次，在此基础上进行定性分析和定量分析的一种决策方法。

层次分析法从系统论思想出发，将评价对象视为一个系统，并按系统的层次把它划分为递阶层次结构。在同一层次中，对两两元素进行重要性比较，再由重要性标度法确定判断矩阵，计算出特征向量，进而进行排序，对不同评价对象进行综合评价。

其基本步骤如下：

①构造层次分析结构模型

②构建判断矩阵

建立层次分析模型之后，把各层元素进行两两比较，构造出比较判断矩阵。判断矩阵表示针对上一层次中的某元素而言，评定该层次中各有关元素相对重要性的状况，对于 n 个元素来讲，得到两两比较判断矩阵 $C=(C_{ij})_{n\times n}$，其形式如下（表 4-20）：

表 4-20 判断矩阵

B_k	C_1	C_2	…	C_j	…	C_n
C_1	C_{11}	C_{12}	…	C_{1j}	…	C_{1n}
C_2	C_{21}	C_{22}	…	C_{2j}	…	C_{2n}
⋮	⋮	⋮	⋮	⋮	⋮	⋮
C_i	C_{i1}	C_{i2}	…	C_{ij}	…	C_{in}
⋮	⋮	⋮	⋮	⋮	⋮	⋮
C_n	C_{n1}	C_{n2}	…	C_{nj}	…	C_{nn}

C_{ij} 表示对于 B_k 而言，元素 C_i 对于 C_j 的相对重要性的判断值。其中，$C_{ij}=1/C_{ji}$（$i\neq j$；i，$j=1$，2，…，n）；$C_{ij}=1$（$i=j$）（表 4-21）。

表 4-21 判断矩阵标度及其含义

序号	重要性等级	C_{ij} 赋值
1	i，j 两元素同等重要	1
2	i 元素比 j 元素稍重要	3
3	i 元素比 j 元素明显重要	5
4	i 元素比 j 元素强烈重要	7
5	i 元素比 j 元素极端重要	9
6	i 元素比 j 元素稍不重要	1/3

序号	重要性等级	C_{ij} 赋值
7	i 元素比 j 元素明显不重要	1/5
8	i 元素比 j 元素强烈不重要	1/7
9	i 元素比 j 元素极端不重要	1/9

注：C_{ij}= {2，4，6，8，1/2，1/4，1/6，1/8} 表示重要性等级介于 C_{ij}= {1，3，5，7，1/3，1/5，1/7，1/9} 之间。这些数字是根据人们进行定性分析的自觉和判断力而确定的。

③权重计算与层次排序

计算每一个判断矩阵各因素对其准则的相对权重。判断矩阵 C 对于最大特征值 λ_{max} 的特征向量，归一化为 W，即为同一层次相应因素对于上一层次某因素相对重要性的排序权值。

层次排序包括层次单排序和层次总排序。层次单排序是对于上层次中的某元素而言的，其目的是确定与本层次有联系的各元素重要性次序的权重值。层次总排序是利用同一层次中所有层次单排序的结果，计算针对最高层次而言的本层次所有元素的重要性权重值。

④判断矩阵的一致性检验

所谓判断的一致性是指专家在判断指标重要性时，各判断之间协调一致，不致出现相互矛盾的结果。

判断矩阵的最大特征根：

$$\lambda_{\max} = \sum_{i=1}^{n} \frac{(CW)_i}{nW_i}$$

一致性检验：

$$\mathrm{CI} = \frac{\lambda_{\max} - n}{n-1} \qquad \mathrm{CR} = \mathrm{CI}/\mathrm{RI}$$

式中，CI——一致性指标；

CR——相对一致性指标；

RI——平均随机一致性指标（根据 n 查找）。

若 CR<0.1，则认为判断矩阵满足一致性需求，则步骤③计算的经归一化后的特征向量 W 为各指标的权重；否则要对判断矩阵进行调整直到满足要求为止（表 4-22）。

表 4-22　平均随机一致性指标 RI

1	2	3	4	5	6	7	8	9
0.00	0.00	0.58	0.90	1.12	1.24	1.32	1.41	1.45

4.3.2　高级统计分析方法

前面对常用的统计分析方法做了介绍，随着统计数据量越来越庞大，计算机技术越来越发达，更高级的统计分析方法应运而生，越来越广泛地应用到各个领域。比较常见的高级统计分析方法有：多元回归分析、主成分分析、因子分析、聚类分析、对应分析、典型相关分析、结构方程式模型、预测与决策模型等。下面对这些常用的统计分析方法做简单介绍。

4.3.2.1 多元回归分析

多元回归分析是一种处理多变量相关关系的一种数理统计方法。多元回归分析的基本思想是：虽然自变量和因变量没有严格的、确定性的函数关系，但可以设法找出最能代表它们关系的数学表达形式。

例：房地产需求多元回归分析

房地产行业是一种需要中长期投资的行业，其回报周期相对较长，如果没有有效的需求，盲目进行房地产开发，容易造成房地产泡沫。所以，房地产需求模型的建立非常必要。

通过分析大量现有文献，并结合微观经济学理论和现有可获得的统计数据，确定部分可能对住房需求产生影响的因素。具体而言，我们选取了以下因素作为研究的对象。

（1）房地产销售价格

房地产价格一直是影响居民购房需求的主要因素之一，如果房价超过居民购买力，就会出现房地产市场需求缺乏、供大于求的局面，从而使房地产的空置率高，导致有价无市的现象。

（2）居民收入

居民的可支配收入是决定家庭一切消费需求最重要的因素，反映居民的实际购买力。住宅作为高价值的耐用商品，需要消费者支付的资金数额大，要求消费者必须具有良好的收入水平。人均可支配收入水平的高低，直接决定消费购买力的大小，进而决定市场需求的大小，居民收入的逐渐提高必然会促进房地产市场的有效需求。

（3）国民经济发展水平

国民经济发展水平是支撑房地产市场健康发展的一个重要因素。经济的快速发展必然会带动房地产自身和相关产业对房地产的需求，即社会经济发展水平高，社会对工厂、办公室、商场、住宅和各种娱乐设施等的需求就会增加，从而导致房地产市场需求量增加。同时，经济发展也会增加居民对未来的预期，从而增加对房地产的需求，是房地产发展的主要影响因素。

（4）房地产竣工面积

房地产竣工面积反映的是房地产当期的市场供应量，由需求理论可知，现实的成交量是由供给和需求共同决定的，因此该因素的大小不仅会影响房地产销售价格的变动，还会影响房地产市场的需求。

（5）房地产开发投资金额

房地产开发投资金额是间接反映房地产需求的因素，可以反映房地产市场的冷热情况和开发商对房地产市场的投资信心。房地产开发投资增长速度影响房地产的有效供给，通过价格传导机制影响房地产的需求，同时它还影响消费者对房地产市场的预期。

（6）人均住宅面积

人均住宅面积可以比较直接地反映居民的现有实际居住水平，是很多不可量化的影响因素的综合，如住宅运行机制、国家住房政策、居民住房观念的改变、投资需求、居住条件的改善、生活质量的提高等都可以从人均居住面积上得到体现。由于政策和观念的连续性，因此人均住宅面积可以度量这些不可量化的因素。

（7）人口数

由于房地产需求是刚性的，因此人口的大小可以反映房地产需求的一般趋势。在人均住宅面积不变的情况下，人口的增加和聚集会增加对住房总量的需求。

（8）青年人口数

不同年龄人口对房地产的需求差异很大，住房需求的主体主要集中在青年人口，特别是 25 ~ 35 岁的即将结婚的青年。

（9）银行贷款利率

目前我国房地产供需双方的资金主要来自银行贷款。理论上利率与房地产需求量成反比例变化，即银行利率提高，导致银根紧缩，房地产市场融资就会产生困难，房地产开发商投资受到限制，供给量就会下降；另外，银行利率提高，居民购买住房的成本也会增大，势必使房地产市场需求减少，最终导致供给和需求曲线同时向下平移，即房地产均衡需求减少；反之，利率降低，均衡需求增加。

（10）城乡居民人民币储蓄存款

城乡居民人民币储蓄存款与房地产市场需求呈正相关关系。如果城乡居民人民币储蓄存款量增加，那么购买住房的资金就会增加，从而导致房地产市场需求量的增加。

（11）政策因素

政策因素对房地产的生产性需求和消费性需求都有重要影响。有关房地产的政策有《国务院办公厅关于促进房地产市场平稳健康发展的通知》《国务院关于坚决遏制部分城市房价过快上涨的通知》《国务院办公厅关于进一步做好房地产市场调控工作有关问题的通知》等。设 DU_t 表示序列在时刻 TB 出台政策的虚拟变量。如 2010 年国务院出台《国务院办公厅关于进一步做好房地产市场调控工作有关问题的通知》后，2010 年的政策因素数据为 1，2010 年政策因素为 0。

对于上述初步确定的影响因素，虽然在理论上都可以找到支撑的依据，但其实际情况如何还有待检验，另外对于建立经济模型，过多的影响因素也限制了模型的实用性。以下我们就将利用简单的统计分析从上述 10 个影响因素中筛选出更加有效的影响因素[第（11）为定性的影响因素]。为了进行统计分析，根据统计年鉴和中经数据库的 11 个指标分析 1995—2010 年的年度统计数据。从数据的可获得性考虑，住房需求影响因素及对应的指标如表 4-23 所示。由于相关指标的数据存在缺失，因此时间选取为 1995—2010 年。部分指标缺失数据修补说明如下：2004 年房地产开发企业本年实际需要总投资为 2003 年和 2005 年的均值，2007—2010 年城镇居民人均建筑面积为城镇居民人均建筑面积，2007—2010 年数据根据《中国统计摘要 2011》中城镇居民人均住房建筑面积作对应调整（两者平均每年相差 1.5）。

表 4-23 住房需求影响因素及对应的指标

影响因素	相应指标
房地产需求	商品房本年销售面积/万 m^3
房地产销售价格	商品房本年销售价格/（元/m^3）
居民收入	城镇家庭平均每人可支配收入/元
国民经济发展水平	国内生产总值（现价）/亿元
房地产竣工面积	商品房本年竣工面积/万 m^3
房地产开发投资金额	房地产开发企业本年实际需要总投资/亿元
人均住宅面积	城镇居民人均建筑面积/m^3
人口数	年底总人口数/万人
青年人口数	15～64 岁人口数（抽样调查样本数）/人
银行贷款利率	金融机构人民币贷款基准利率（五年以上）
城乡居民人民币储蓄存款	城乡居民储蓄存款年底余额/亿元

对上述 11 个变量间的相关性进行检验，得到了各影响因素对房地产需求的相关系数，如表 4-24 所示。

表 4-24 各影响因素与房地产需求的相关系数

影响因素	相关系数 r	P 值	样本 N
房地产需求	1	—	16
房地产销售价格	0.991**	0	16
居民收入	0.984**	0	16
国民经济发展水平	0.980**	0	16
房地产竣工面积	0.981**	0	16
房地产开发投资金额	0.954**	0	16
人均住宅面积	0.955**	0	16
人口数	0.920**	0	16
青年人口数	0.533*	0.033	16
银行贷款利率	−0.492	0.053	16
城乡居民人民币储蓄存款	0.981**	0	16

**. 皮尔逊相关系数是在 P=0.01 情况下的值。

*. 皮尔逊相关系数是在 P=0.05 情况下的值。

从表 4-24 中可见，上述 10 个因素除了青年人口数和银行贷款利率外，其他 8 个因素与房地产需求的相关系数都很高，大部分在 0.9 以上。这充分说明了各指标与房地产需求存在较强的相关关系，也说明我们选择上述因素对房地产需求的影响进行研究具有一定合理性。

房地产需求多元回归模型的建立

分别以 X_1、X_2、X_3、X_4、X_5、X_6、X_7、X_8、X_9、X_{10}、X_{11} 作为自变量，Y 作为因变量，相对应的变量因素含义见表 4-25。采用逐步回归分析法，在保证所有自变量前的系数显著性的情况下（即相应的 t 值大，p 值小），使 R^2 尽可能大，即自变量能够尽可能多地解释因变量。

表 4-25　房地产需求影响因素的符号表示

影响因素	变量含义
房地产需求	Y
房地产销售价格	X_1
居民收入	X_2
国民经济发展水平	X_3
房地产竣工面积	X_4
房地产开发投资金额	X_5
人均住宅面积	X_6
人口数	X_7
青年人口数	X_8
银行贷款利率	X_9
城乡居民人民币储蓄存款	X_{10}
政策因素	X_{11}

在实际问题中，人们总是希望从对因变量 y 有影响的诸多变量中选择一些变量作为自变量，应用多元回归分析法建立“最优”回归方程，以便对因变量进行预报或控制。所谓“最优”回归方程，主要是指希望在回归方程中包含所有对因变量 y 影响显著的自变量，而不包含对 y 影响不显著的自变量的回归方程。逐步回归分析法正是根据这种原则提出来的一种回归分析方法。它的主要思路是考虑将全部自变量按其对 y 的作用大小，显著程度大小或者说贡献大小，由大到小地逐个引入回归方程，而对那些对 y 作用不显著的变量可能始终不被引入回归方程。另外，已被引入回归方程的变量在引入新变量后也可能失去其重要性，而需要从回归方程中剔除出去。引入一个变量或者从回归方程中剔除一个变量都被称为逐步回归的一步，每一步都要进行 F 检验，以保证在引入新变量前回归方程中只含有对 y 影响显著的变量，而不显著的变量已被剔除。

逐步回归分析法的实施过程是每一步都要对已引入回归方程的变量计算其偏回归平方和（即贡献），然后选一个偏回归平方和最小的变量，在预先给定的 F 水平下进行显著性检验，如果显著则该变量不必从回归方程中剔除，这时方程中其他的几个变量也都不需要剔除（因为其他几个变量的偏回归平方和都大于最小的一个，因此更不需要剔除）。相反，如果不显著，则该变量要剔除，然后按偏回归平方和由小到大地依次对方程中其他变量进行 F 检验。将对 y 影响不显著的变量全部剔除，保留的都是显著的。接着再对未引入回归方程中的变量分别计算其偏回归平方和，并选其中偏回归平方和为最大的一个变量，同样在给定 F 水平下作显著性检验，如果显著则将该变量引入回归方程，这一过程一直继续下去，直到在回归方程中的变量都不能剔除而又无新变量可以引入时为止，这时逐步回归过程结束。

住房需求模型建立如下：

$$Y=f(X_1、X_2、X_3、X_4、X_5、X_6、X_7、X_8、X_9、X_{10}、X_{11})$$

利用 1995—2010 年年度数据建模，通过 Eviews 软件，逐步回归，我们可以得到房地产需求数学模型，评估方程：

$$Y=C(1)+C(2)\cdot X_1+C(2)\cdot X_3+C(3)\cdot X_4+C\cdots+C(11)\cdot X_{10}$$

式中，$C(1)$、$C(2)\cdots C(11)$——回归系数。

代入数值得：

$$Y=-47\,299.950\,995\,5+32.790\,581\,737\,3\times X_1-0.232\,510\,924\,254\times X_3+1.400\,311\,723\,65\times X_4+0.397\,376\,642\,203\times X_5-0.392\,391\,737\,662\times X_{10}$$

对该多元回归模型的检验如表 4-26 所示，各项系数显著，剩余（残差）通过正态性检验，LW 自相关性 2 阶、3 阶检验均通过，异方差检验通过，说明剩余不存在自相关性及异方差性。该模型的调整拟合优度为 0.996 2，说明对数据的拟合较好。

表 4-26 房地产需求全国数据年度多元回归模型结果

变量	系数 C	标准差 S	t 检验	概率 P
C	−47 299.95	4 540.083	−10.418 30	0.000 0
X_1	32.790 58	3.661 574	8.955 325	0.000 0
X_3	−0.232 511	0.067 094	−3.465 445	0.006 1
X_4	1.400 312	0.207 190	6.758 588	0.000 0
X_5	0.397 377	0.098 996	4.014 073	0.002 5
X_{10}	−0.392 392	0.097 566	−4.021 802	0.002 4
R^2	0.997 496	因变量均值		40 722.03
调整后的 R^2	0.996 244	因变量标准差		32 037.20
回归标准差	1 963.413	赤池信息准则		18.282 75
剩余平方和	38 549 911	贝叶斯信息准则		18.572 47
对数似然值	−140.262 0	汉南—奎因准则		18.297 59
F 检验	796.742 7	D.W 检验		2.304 553
P 值概率	0.000 000			

注：R 为相关系数。

从全国数据建立的房地产需求年度多元回归模型可以看出，房地产销售价格、国民经济发展水平、房地产竣工面积、房地产开发投资金额、城乡居民人民币储蓄存款是影响房地产需求的主要因素。

4.3.2.2 主成分分析法

在实际问题的研究中，往往会涉及众多有关的变量。但是，变量太多不但会增加计算的复杂性，而且也会给合理地分析问题和解释问题带来困难。一般来说，虽然每个变量都提供了一定的信息，但其重要性会有所不同。而在很多情况下，变量之间有一定的相关性，从而使得这些变量所提供的信息在一定程度上有所重叠。因此，人们希望对这些变量加以“改造”，用为数极少的互补相关的新变量来反映原变量所提供的绝大部分信息，通过对新变量的分析达到解决问题的目的，而主成分分析法即可解决此问题。主成分分析法（Principal Component Analysis，PCA），是将多个变量通过线性变换以选出较少数量重要变量的一种多元统计分析方法。在实际运用中，为了全面分析问题，往往提出很多与此有关的变量（或因素），因为每个变量都在不同程度上反映这个问题的某些信息。通过主成分分析，可以从事物之间错综复杂的关系中找出一些主要成分，从而能够有效利用大量统计数据进行定量分析，揭示变量之间的内在关系，得到对事物特征及其发展规律的一些深层次的启发。

设 X_1，X_2，…，X_p 为某实际问题所涉及的 p 个随机变量。记 $X=(X_1, X_2, \cdots, X_p)$，其协方差矩阵为：

$$\sum=\left(\sigma_{ij}\right)_{p\times p}=E\left\{\left[X-E\left(X\right)\right]\left[X-E\left(X\right)\right]^{\mathrm{T}}\right\}$$

它是一个 $\boldsymbol{p}$ 阶非负定矩阵。设

$$\begin{cases}Y_1=l_1^{\mathrm{T}}X=l_{11}X_1+l_{12}X_2+\cdots+l_{1p}X_p\\ Y_2=l_2^{\mathrm{T}}X=l_{21}X_1+l_{22}X_2+\cdots+l_{2p}X_p\\ \cdots\cdots\\ Y_p=l_p^{\mathrm{T}}X=l_{p1}X_1+l_{p2}X_2+\cdots+l_{pp}X_p\end{cases}$$

则有

$$\text{方差}\ \mathrm{Var}\left(Y_i\right)=\mathrm{Var}\left(l_i^{\mathrm{T}}X\right)=l_i^{\mathrm{T}}\sum l_i, i=1,2,\cdots,p$$

$$\text{协方差}\ \mathrm{Cov}\left(Y_i,Y_j\right)=\mathrm{Cov}\left(l_i^{\mathrm{T}}X,l_j^{\mathrm{T}}X\right)=l_i^{\mathrm{T}}\sum l_j, j=1,2,\cdots,p$$

第 i 个主成分为：

$$Y_i=e_i^{\mathrm{T}}X=e_{i1}X_1+e_{i2}X_2+\cdots+e_{ip}X_p, i=1,2,\cdots,p$$

一般地，在约束条件

$$l_j^{\mathrm{T}} l_i = 1$$

及

$$\mathrm{Cov}\left(Y_i, Y_k\right) = l_i^{\mathrm{T}} \sum l_k, k = 1, 2, \cdots, i-1$$

下，求 l_i 使 Var（Y_i）达到最大，由此 l_i 所确定的

$$Y_i = l_j^{\mathrm{T}} X$$

称为 X_1，X_2，…，X_p 的第 i 个主成分。

例：某市为了全面分析化工行业类企业的经济效益，选取了 8 个不同的利润指标，14 企业关于这 8 个不同的利润指标的统计数据如表 4-27 所示，试进行主成分分析。

表 4-27　14 家企业的利润指标的统计数据

企业序号	净产值利润率 x_{i1}/%	固定资产利润率 x_{i2}/%	总产值利润率 x_{i3}/%	销售收入利润率 x_{i4}/%	产品成本利润率 x_{i5}/%	物耗利润率 x_{i6}/%	人均利润率 x_{i7}/（10^3 元/人）	流动资金利润率 x_{i8}/%
1	40.4	24.7	7.2	6.1	8.3	8.7	2.442	20
2	25	12.7	11.2	11	12.9	20.2	3.542	9.1
3	13.2	3.3	3.9	4.3	4.4	5.5	0.578	3.6
4	22.3	6.7	5.6	3.7	6	7.4	0.176	7.3
5	34.3	11.8	7.1	7.1	8	8.9	1.726	27.5
6	35.6	12.5	16.4	16.7	22.8	29.3	3.017	26.6
7	22	7.8	9.9	10.2	12.6	17.6	0.847	10.6
8	48.4	13.4	10.9	9.9	10.9	13.9	1.772	17.8
9	40.6	19.1	19.8	19	29.7	39.6	2.449	35.8
10	24.8	8	9.8	8.9	11.9	16.2	0.789	13.7
11	12.5	9.7	4.2	4.2	4.6	6.5	0.874	3.9
12	1.8	0.6	0.7	0.7	0.8	1.1	0.056	1
13	32.3	13.9	9.4	8.3	9.8	13.3	2.126	17.1
14	38.5	9.1	11.3	9.5	12.2	16.4	1.327	11.6

解：样本均值向量为：

$$\bar{\boldsymbol{x}} = (27.979\ 10.950\ 9.100\ 8.543\ 11.064\ 14.614\ 1.552\ 14.686)^{\mathrm{T}}$$

样本协方差矩阵为：

$$
\boldsymbol{S}=\begin{bmatrix}
168.333 & 60.357 & 45.757 & 41.215 & 57.906 & 71.672 & 8.602 & 101.620\\
 & 37.207 & 16.825 & 15.505 & 23.535 & 29.029 & 4.785 & 44.023\\
 & & 24.843 & 24.335 & 36.478 & 49.278 & 3.629 & 39.410\\
 & & & 24.423 & 36.283 & 49.146 & 3.675 & 38.718\\
 & & & & 56.046 & 75.404 & 5.002 & 59.723\\
 & & & & & 103.018 & 6.821 & 74.523\\
 & & & & & & 1.137 & 6.722\\
 & & & & & & & 102.707
\end{bmatrix}
$$

$$
\boldsymbol{S}=\begin{bmatrix}
168.33 & 60.357 & 45.758 & 41.216 & 57.9060 & 71.672 & 8.6020 & 101.6200\\
60.357 & 37.207 & 16.825 & 15.505 & 23.5350 & 29.029 & 4.7846 & 44.0230\\
45.758 & 16.825 & 24.843 & 24.335 & 36.4780 & 49.278 & 3.6290 & 39.4100\\
41.216 & 15.505 & 24.335 & 24.423 & 36.2830 & 49.146 & 3.6747 & 38.7180\\
57.906 & 23.535 & 36.478 & 36.283 & 56.0460 & 75.404 & 5.0022 & 59.7230\\
71.672 & 29.029 & 49.278 & 49.146 & 75.4040 & 103.02 & 6.8215 & 74.5230\\
8.6020 & 4.7846 & 3.6290 & 3.6747 & 5.00220 & 6.8215 & 1.1370 & 6.7217\\
101.62 & 44.023 & 39.410 & 38.718 & 59.7230 & 74.523 & 6.7217 & 102.7100
\end{bmatrix}
$$

由于 $\boldsymbol{S}$ 中主对角线元素差异较大，因此我们样本相关矩阵 $\boldsymbol{R}$ 出发进行主成分分析。样本相关矩阵 $\boldsymbol{R}$ 为：

$$
\boldsymbol{R}=\begin{bmatrix}
1 & 0.762\,66 & 0.707\,58 & 0.642\,81 & 0.596\,17 & 0.544\,26 & 0.621\,78 & 0.772\,85\\
 & 1 & 0.553\,41 & 0.514\,34 & 0.515\,38 & 0.468\,88 & 0.735\,62 & 0.712\,14\\
 & & 1 & 0.987\,93 & 0.977\,60 & 0.974\,09 & 0.682\,82 & 0.780\,19\\
 & & & 1 & 0.980\,71 & 0.979\,80 & 0.697\,35 & 0.773\,06\\
 & & & & 1 & 0.992\,35 & 0.626\,63 & 0.787\,18\\
 & & & & & 1 & 0.630\,30 & 0.724\,49\\
 & & & & & & 1 & 0.622\,02\\
 & & & & & & & 1
\end{bmatrix}
$$

前 3 个标准化样本主成分类及贡献率已达到 95.184%，故只需取前三个主成分即可。

前 3 个标准化样本主成分中各标准化变量 $\boldsymbol{x}_i^*=\dfrac{\boldsymbol{x}_i-\overline{\boldsymbol{x}}_i}{\sqrt{s_{ii}}}\ (i=1,2,\cdots,8)$ 前的系数即为对应特征向量，由此得到 3 个标准化样本主成分为

$$\begin{cases} \boldsymbol{y}_1 = 0.32\,113x_1^* + 0.29\,516x_2^* + 0.389\,12x_3^* + 0.384\,72x_4^* + 0.379\,55x_5^* + 0.370\,87x_6^* + 0.319\,96x_7^* + 0.355\,46x_8^* \\ \boldsymbol{y}_2 = -0.415\,1x_1^* - 0.597\,66x_2^* + 0.229\,74x_3^* + 0.278\,69x_4^* + 0.316\,32x_5^* + 0.371\,51x_6^* - 0.278\,14x_7^* - 0.156\,84x_8^* \\ \boldsymbol{y}_3 = -0.451\,23x_1^* + 0.103\,03x_2^* - 0.039\,895x_3^* + 0.053\,874x_4^* - 0.037\,292x_5^* + 0.075\,186x_6^* + 0.770\,59x_7^* - 0.424\,78x_8^* \end{cases}$$

注意到，y_1近似是 8 个标准化变量 x_i^* $(i=1,2,\cdots,8)$ 的等权重之和，是反映各企业总效应大小的综合指标，y_1的值越大，则企业的效益越好。由于y_1的贡献率高达 76.708%，故若用 y_1的得分值对各企业进行排序，能从整体上反映企业之间的效应差别。将 $\boldsymbol{S}$ 中 s_{ii} 的值及$\overline{x}$中各$\overline{x}$的值以及企业关于x_i的观测值代入y_1的表达式中，可求得各企业$\boldsymbol{y}_1$的得分及按其得分由大到小的排序结果。

从表 4-28 可以看出，第 9 家企业的效益最好，第 12 家企业的效益最差。

表 4-28 14 家企业的利润指标主成分得分

企业序号	得分	企业序号	得分	企业序号	得分
12	−0.973 540	7	−0.189 000	1	0.293 510
4	−0.648 560	14	−0.004 803	2	0.653 150
3	−0.627 430	5	0.0 168 790	6	0.855 660
11	−0.485 580	8	0.177 110	9	0.962 850
10	−0.219 490	13	0.189 250		

4.3.2.3 因子分析法

将具有相关关系的变量之间是否存在不能直接观察到但对可观测变量的变化起支配作用的潜在因子的分析方法称为因子分析法。因子分析模型是主成分分析法的推广，也是利用降维的思想，从原始变量相关矩阵内部的依赖关系出发，把一些具有错综复杂关系的变量归结为少数几个综合因子的一种多变量统计分析方法。进行因子分析的方法有很多，主成分分析法最早是由美国心理学家 Charies Spearman 于 1904 年提出的，是因子分析常用的一种方法。当初始因子载荷阵结构不够简洁时，公共因子典型代表变量不很突出，实际意义含糊不清，有必要通过因子旋转对其实施变换以简化结构，常用的是正交旋转。

设有原始变量：X_1，X_2，X_3，…，X_p，则原始变量与潜在因子的关系可以表示为正交因子模型：

（1）模型

$$\boldsymbol{X} = \boldsymbol{AF} + \varepsilon \rightarrow \begin{cases} \boldsymbol{X}_1 = a_{11}\boldsymbol{F}_1 + \cdots + a_{1m}\boldsymbol{F}_m + \varepsilon_1 \\ \cdots\cdots \\ \boldsymbol{X}_p = a_{p1}\boldsymbol{F}_1 + \cdots + a_{pm}\boldsymbol{F}_m + \varepsilon_p \end{cases}$$

（2）假设

① $\boldsymbol{X}$是可观测的随机向量，$\boldsymbol{E}(\boldsymbol{X}) = 0$；

② $\boldsymbol{F}$ 是不可观测的随机向量，$\boldsymbol{E}(\boldsymbol{F})=0$，$\boldsymbol{D}(\boldsymbol{F})=\boldsymbol{I}_m\ (m<p)$；

③ $\boldsymbol{E}(\boldsymbol{\varepsilon})=0$，$\boldsymbol{D}(\boldsymbol{\varepsilon})=diag(\boldsymbol{\sigma}_1^2,\cdots,\boldsymbol{\sigma}_p^2)\triangleq\boldsymbol{D}$；

④ $\mathrm{Cov}(\boldsymbol{\varepsilon},\boldsymbol{F})=0$。

（3）协方差结构

① $\boldsymbol{D}(\boldsymbol{X})\triangleq\boldsymbol{\Sigma}=\boldsymbol{E}(\boldsymbol{XX}')=\boldsymbol{E}((\boldsymbol{AF}+\varepsilon)(\boldsymbol{AF}+\varepsilon)')=\boldsymbol{AA}'+\boldsymbol{D}$；

② $\mathrm{Cov}(\boldsymbol{X},\boldsymbol{F})=\boldsymbol{E}(\boldsymbol{XF}')=\boldsymbol{E}\left[(\boldsymbol{AF}+\varepsilon)\boldsymbol{F}'\right]=\boldsymbol{A}$。

（4）统计意义

① 若 $\boldsymbol{X}$ 标准化，则因子载荷 $a_{ij}=\rho(\boldsymbol{X}_i,\boldsymbol{F}_j)$；

② $\mathrm{Var}(X_i)=\mathrm{Var}(\sum_{t=1}^{m}a_{it}\boldsymbol{F}_t+\varepsilon_i)=\sum_{t=1}^{m}\boldsymbol{a}_{it}^2+\boldsymbol{\sigma}_i^2\triangleq h_i^2+\sigma_i^2$，其中 $\boldsymbol{h}_i^2$ 称为 X_i 的共同度或全部公因子对 X_i 的公因子方差，$\boldsymbol{\sigma}_i^2$ 称为剩余方差。

例：中国房地产可持续发展指标的因子分析

根据指标代表性和数据可收集性，考虑房地产业与经济、人口、环境、资源四个领域密切相关的 18 个指标，见表 4-29。收集了从 1997—2010 年的数据。

表 4-29　房地产业可持续发展指标体系（时间）的符号表示

领域	指标	符号
经济	人均国内生产总值指数（可比价，2009 年=100）	R_1
	城镇家庭平均每人全年消费性支出/元	R_2
	城镇家庭恩格尔系数/%	R_3
	城镇居民消费水平指数（可比价，2009 年=100）	R_4
	建筑业增加值占 GDP 比重/%	R_5
	房地产企业本年资产负债率/%	R_6
	房地产业增加值指数（可比价，2009 年=100）	R_7
人口	城市市区人口密度/（人/km^2）	R_8
	城镇人口占总人口的比重/%	R_9
	平均每户城镇家庭人口数/人	R_{10}
环境	城市污水日处理能力增长率/%	R_{11}
	城市园林绿地面积/hm^2	R_{12}
	治理工业污染项目投资额/万元	R_{13}
资源	城市每万人拥有公共交通车辆/标台	R_{14}
	城镇居民人均建筑面积/m^2	R_{15}
	城市人口用水普及率/%	R_{16}
	城市燃气普及率/%	R_{17}
	土地开发面积增长率/%	R_{18}

为了保证不同量纲指标之间能够进行有效合成，对原始数据进行了同向化和同度量处理（标准化）。先对三个逆指标 X_3、X_6、X_{10} 采用“倒数法”进行同向化处理后，再对所有指标数据采用标准差进行标准化。用 SPSS 作因子分析，采用主成分分析法，并作正交变换，结果如表 4-30 至表 4-32 所示。

表 4-30　完全变量解释

指标	初始特征值			旋转后因子负荷的方差平方和		
	总数	解释方差占比/%	各方差累计占比/%	总数	解释方差占比/%	各方差累计占比/%
1	11.076	61.531	61.531	8.679	48.219	48.219
2	2.801	15.562	77.093	4.038	22.434	70.653
3	1.358	7.547	84.639	2.421	13.448	84.101
4	1.139	6.326	90.965	1.236	6.865	90.965
5	0.772	4.287	95.253			
6	0.322	1.787	97.040			
7	0.213	1.185	98.224			
8	0.192	1.068	99.293			
9	0.087	0.485	99.778			
10	0.019	0.103	99.881			
11	0.016	0.088	99.969			
12	0.005	0.029	99.998			
13	0.000	0.002	100.000			
14	5.90E-016	3.28E-015	100.000			
15	3.20E-016	1.78E-015	100.000			
16	6.87E-017	3.81E-016	100.000			
17	−2.92E-016	−1.62E-015	100.000			
18	−4.12E-016	−2.29E-015	100.000			

表 4-31　旋转后因子负荷矩阵

	成分			
	1	2	3	4
Zscore（X_1）	0.547	0.149	0.707	−0.216
Zscore（X_2）	0.895	0.423	−0.026	−0.016
Zscore（X_3）	0.895	−0.181	0.290	−0.055
Zscore（X_4）	0.263	0.089	0.631	0.615
Zscore（X_5）	0.388	0.693	−0.404	0.162
Zscore（X_6）	0.797	0.140	0.105	−0.103
Zscore（X_7）	0.176	−0.058	0.857	−0.017
Zscore（X_8）	0.808	0.437	0.211	0.049
Zscore（X_9）	0.950	0.268	0.114	−0.044
Zscore（X_{10}）	0.921	0.290	0.208	−0.104
Zscore（X_{11}）	−0.364	−0.314	−0.190	0.797

	成分			
	1	2	3	4
Zscore（X_{12}）	0.905	0.374	0.026	−0.069
Zscore（X_{13}）	0.824	0.286	0.390	0.076
Zscore（X_{14}）	0.368	0.906	0.114	0.037
Zscore（X_{15}）	0.930	0.311	0.180	−0.052
Zscore（X_{16}）	0.015	0.967	0.028	−0.192
Zscore（X_{17}）	0.361	0.875	0.100	−0.220
Zscore（X_{18}）	0.852	0.089	0.429	−0.140

表4-32　房地产业可持续发展评价体系

年份	第一因子	第二因子	第三因子	第四因子	按第一因子排序
1997	−1.709 80	0.725 43	−0.668 08	−1.180 01	14
1998	−1.636 40	0.868 92	−0.164 92	0.066 84	13
1999	−1.373 70	0.883 74	−0.247 73	1.559 17	12
2000	−0.107 00	−1.948 13	−0.552 33	2.165 27	9
2001	−0.179 73	−1.591 98	−0.417 83	−0.448 09	10
2002	−0.061 50	−1.195 25	−0.059 11	−1.240 94	8
2003	−0.181 30	−0.433 20	0.473 53	−0.553 57	11
2004	0.107 20	−0.233 47	0.103 70	−0.480 72	7
2005	0.453 60	−0.233 03	0.468 81	−0.927 35	5
2006	0.584 30	−0.135 45	1.288 05	0.292 16	4
2007	0.358 60	0.676 82	2.528 08	0.168 03	6
2008	1.208 20	0.725 38	−0.689 58	0.314 74	2
2009	1.088 90	1.161 84	−0.370 13	0.873 13	3
2010	1.448 50	0.728 37	−1.692 46	−0.608 66	1

经Bartlett检验表明：Bartlett值为958.651，$p<0.000\,1$，即相关矩阵不是一个单位矩阵，故考虑进行因子分析。KMO值为0.864，接近1，表明因子分析的结果较好，可以接受。

如表4-30和表4-31所示，使用主成分分析法并正交旋转后，得到4个因子，其中第一因子为：

$$Fac1=0.547X_1+0.895X_2+0.895X_3+0.263X_4+0.388X_5+0.797X_6+0.176X_7+0.808X_8+0.950X_9+0.921X_{10}-0.364X_{11}+0.905X_{12}+0.824X_{13}+0.368X_{14}+0.930X_{15}+0.015X_{16}+0.361X_{17}+0.852X_{18}$$

第一因子较大系数对应的因素在经济、人口、环境和资源四个方面都有，体现了房地产行业的总体发展状况。第二因子较大系数对应的因素为X_{14}、X_{16}和X_{17}，主要体现了资源分配的状况。

从表4-32各年份对应的四个因子得分可以看出，按第一因子得分排序后历年大致呈现递增趋势，表明我国房地产行业可持续发展良好。但同时也存在着一些问题，如虽然2010

年的第一因子得分大于 2009 年的，但 2010 年的第二因子得分小于 2009 年的，这表明虽然我国的房地产发展过快，但可能相关的城市配套设施还不完善，没有跟上建房速度。

4.3.2.4 聚类分析

聚类分析是通过数据建模简化数据的一种方法，目的在于使类间对象的同质性最大化和不同类间对象的异质性最大化。传统的统计聚类分析方法包括系统聚类法（Hierarchical Cluster Procedures）、有序样品聚类法、动态聚类法、模糊聚类法、图论聚类法、聚类预报法等。

聚类分析法的基本思想是所要研究的样本或指标（变量）之间存在着不同程度的相似性。于是根据一批样本的多个观测指标，找出一些能够度量样本（或指标）之间相似程度的统计量，以这些统计量为划分类型的依据，把一些相似程度较大的样本或指标聚为一类，把另外一些彼此之间相似程度较大的样本又聚为另一类，关系密切的聚合到一个小的分类单位，关系疏远的聚合到一个大的分类单位，直到把所有样本（或指标）都聚合完毕，形成一个由小到大的分类系统。最后再把整个分类系统画成一张谱系图，用它把所有样本（或指标）间的亲疏程度表示出来。

例：中国城镇居民消费结构的聚类分析

选取构成居民消费支出的主要项目作为指标。按照国家统计局统计口径，构成城镇居民消费性支出的项目有：食品、衣着、家庭设备用品及服务、医疗保健、交通和通信、教育文化娱乐服务、居住、杂项商品和服务，以上构成城镇居民消费性支出的八个项目即为所选指标。

为了消除各地区在区域面积、人口等方面的先天差异，使数据的分析结果更合理，这里的指标均采用各地区城镇居民家庭平均每人全年消费性支出作为分析对象，即采用人均值。根据中国统计年鉴，得到 2010 年的统计数据，见表 4-33。

表 4-33 2010 年我国各地区城镇居民家庭平均每人全年消费性支出

单位：元

地区	食品	衣着	家庭设备用品及服务	医疗保健	交通和通信	教育文化娱乐服务	居住	杂项商品和服务
北京	6 392.90	2 087.91	1 377.77	1 327.22	3 420.91	2 901.93	1 577.35	848.49
天津	5 940.44	1 567.58	1 119.93	1 275.64	2 454.38	1 899.50	1 615.57	688.73
河北	3 335.23	1 225.94	693.56	923.83	1 398.35	1 001.01	1 344.47	395.93
山西	3 052.57	1 205.89	612.59	774.89	1 340.90	1 229.68	1 245.00	331.14
内蒙古	4 211.48	2 203.59	948.87	1 126.03	1 768.65	1 641.17	1 384.45	710.37
辽宁	4 658.00	1 586.81	785.67	1 079.81	1 773.26	1 495.90	1 314.79	585.78
吉林	3 767.85	1 570.68	710.28	1 171.25	1 363.91	1 244.56	1 344.41	506.09
黑龙江	3 784.72	1 608.37	618.76	948.44	1 191.31	1 001.48	1 128.14	402.69
上海	7 776.98	1 794.06	1 800.19	1 005.54	4 076.46	3 363.25	2 166.22	1 217.70
江苏	5 243.14	1 465.54	1 026.32	805.73	1 935.07	2 133.25	1 234.05	514.41

地区	食品	衣着	家庭设备用品及服务	医疗保健	交通和通信	教育文化娱乐服务	居住	杂项商品和服务
浙江	6 118.46	1 802.29	916.16	1 033.70	3 437.15	2 586.09	1 418.00	546.36
安徽	4 369.63	1 225.56	678.75	737.05	1 356.57	1 479.75	1 229.64	435.62
福建	5 790.72	1 281.25	972.24	617.36	2 196.88	1 786.00	1 606.27	499.30
江西	4 195.38	1 138.84	854.60	524.22	1 270.28	1 179.89	1 109.82	345.66
山东	4 205.88	1 745.20	915.00	885.79	2 140.42	1 401.77	1 408.64	415.55
河南	3 575.75	1 444.63	866.72	941.32	1 374.76	1 137.16	1 080.10	418.04
湖北	4 429.30	1 415.68	867.33	709.58	1 205.48	1 263.16	1 187.54	372.90
湖南	4 322.09	1 277.47	903.81	776.85	1 541.40	1 418.85	1 182.33	402.52
广东	6 746.62	1 230.72	1 208.03	929.5	3 419.74	2 375.96	1 925.21	653.76
广西	4 372.75	926.42	853.59	625.45	1 973.04	1 243.71	1 166.85	328.27
海南	4 895.96	636.14	616.33	579.89	1 805.11	1 004.62	1 103.76	284.90
重庆	5 012.56	1 697.55	1 072.38	1 021.48	1 384.28	1 408.02	1 275.96	462.79
四川	4 779.60	1 259.49	876.34	661.03	1 674.14	1 224.73	1 126.65	503.11
贵州	4 013.67	1 102.41	673.33	546.84	1 270.49	1 254.56	890.75	306.24
云南	4 593.49	1 158.82	509.41	637.89	2 039.67	1 014.4	835.45	284.95
西藏	4 847.58	1 158.60	376.43	385.63	1 230.94	477.95	726.59	481.82
陕西	4 381.40	1 428.20	723.73	935.38	1 194.77	1 595.8	1 126.92	435.67
甘肃	3 702.18	1 255.69	597.72	828.57	1 076.63	1 136.7	910.34	387.53
青海	3 784.81	1 185.56	644.01	718.78	1 116.56	908.07	923.52	332.49
宁夏	3 768.09	1 417.47	716.22	890.05	1 574.57	1 286.20	1 181.71	500.12
新疆	3 694.81	1 513.42	669.87	708.16	1 255.87	1 012.37	898.38	444.20

资料来源：《中国统计年鉴 2011》。

采用系统聚类，得出结果如表 4-34 和表 4-35 所示。

表 4-34　2010 年我国城镇居民消费结构分层聚类法分析的进程表

合并进程表						
步数	聚类		系数	本步聚类结果		下一步数
	聚类 1	聚类 2		聚类 1	聚类 2	
1	28	29	83 011.738	0	0	10
2	12	18	98 395.528	0	0	6
3	14	24	122 837.401	0	0	11
4	8	31	136 245.345	0	0	10
5	16	30	142 209.880	0	0	9
6	12	17	162 953.454	2	0	8
7	3	4	178 720.439	0	0	18
8	12	27	188 208.351	6	0	11
9	7	16	197 298.947	0	5	12
10	8	28	203 815.859	4	1	12
11	12	14	370 697.432	8	3	21
12	7	8	373 997.715	9	10	18

合并进程表						
步数	聚类		系数	本步聚类结果		下一步数
	聚类 1	聚类 2		聚类 1	聚类 2	
13	20	25	390 075.749	0	0	15
14	6	22	399 243.798	0	0	22
15	20	23	445 159.572	13	0	16
16	20	21	534 740.858	15	0	25
17	5	15	552 044.468	0	0	22
18	3	7	562 967.456	7	12	21
19	1	11	672 827.483	0	0	24
20	2	13	674 704.557	0	0	23
21	3	12	869 237.467	18	11	26
22	5	6	900 588.221	17	14	26
23	2	10	963 301.123	20	0	28
24	1	19	1 306 517.510	19	0	28
25	20	26	1 367 807.409	16	0	27
26	3	5	1 668 511.180	21	22	27
27	3	20	1 756 522.996	26	25	30
28	1	2	3 377 300.138	24	23	29
29	1	9	8 053 949.526	28	0	30
30	1	3	1.135×10^7	29	27	0

表 4-35 2010 年中国城镇居民消费结构分层聚类结果

聚类成员		
序号	省（自治区、直辖市）	聚类层
1	北京市	1
2	天津市	2
3	河北省	3
4	山西省	3
5	内蒙古自治区	4
6	辽宁省	4
7	吉林省	3
8	黑龙江省	3
9	上海市	5
10	江苏省	2
11	浙江省	1
12	安徽省	3
13	福建省	2
14	江西省	3
15	山东省	4
16	河南省	3
17	湖北省	3
18	湖南省	3

聚类成员		
序号	省（自治区、直辖市）	聚类层
19	广东省	1
20	广西壮族自治区	6
21	海南省	6
22	重庆市	4
23	四川省	6
24	贵州省	3
25	云南省	6
26	西藏自治区	6
27	陕西省	3
28	甘肃省	3
29	青海省	3
30	宁夏回族自治区	3
31	新疆维吾尔自治区	3

4.3.2.5　对应分析法

对应分析法既是 ***R*** 型因子分析法与 ***Q*** 型因子分析法的结合，也是利用降维的思想达到简化数据结构的目的。与因子分析不同的是它同时对数据表中的行与列进行处理，寻求以低维图形表示数据库中行与列的关系。对应分析法是一种数据分析技术，它能够帮助我们研究由定性变量构成的交互汇总表以揭示变量间的联系。交互表的信息以图形的方式展示。主要适用于有多个类别的定类变量，可以揭示同一个变量的各个类别之间的差异，以及不同变量各个类别之间的对应关系。适用于两个或多个定类变量。

4.3.2.6　典型相关分析法

典型相关分析法（canonical correlation analysis）是利用两综合变量之间的相关关系来反映两组指标的整体相关性的多元统计分析方法，借助主成分分析法降维的思想，分别对两组变量提取主成分，且使从两组变量提取的主成分之间的相关程度达到最大，而使从同一组内部提取的各主成分之间互不相关，用从两组之间分别提取的主成分的相关性来描述两组变量整体的线性相关关系。

当研究两个变量 x 与 y 之间的相关关系时，相关系数是最常用的度量。

$$\rho_{xy} = \frac{\mathrm{Cov}(x, y)}{\sqrt{D(x)D(y)}}$$

通常情况下，为了研究两组变量 $X=(x_1, x_2, \cdots, x_p)^{\mathrm{T}}$，$Y=(y_1, y_2, \cdots, y_p)^{\mathrm{T}}$ 的相关关系，可以用最原始的方法，分别计算两组变量之间的全部相关系数，一共有 pq 个简单相关系数，这样又烦琐又不能抓住问题的本质。如果能够采用类似于主成分分析法的思想，分别找出两组变量的各自的某个线性组合，讨论线性组合之间的相关关系，则更简捷。

利用主成分分析的思想，可以把多个变量与多个变量之间的相关转化为两个变量之间的相关。找出系数 $a=(a_1, a_2, \cdots, a_p)^{\mathrm{T}}$ 和 $b=(b_1, b_2, \cdots, b_p)^{\mathrm{T}}$，使得新变量 $u=a_1x_1+a_2x_2+\cdots a_px_p=a^{\mathrm{T}}X$ 和 $v=b_1y_1+b_2y_2+\cdots b_py_p=b^{\mathrm{T}}Y$ 之间有最大可能的相关系数（典型相关系数）。

首先分别在每组变量中找出第一对线性组合，使其具有最大相关性，

$$\begin{cases} u_1 = a_{11}x_1 + a_{21}x_2 + \cdots + a_{p1}x_p \\ v_1 = v_{11}y_1 + v_{21}y_2 + \cdots + v_{q1}y_q \end{cases}$$

然后再在每组变量中找出第二对线性组合，使其分别与本组内的第一对线性组合不相关，第二对本身具有次大的相关性。

$$\begin{cases} u_2 = a_{12}x_1 + a_{22}x_2 + \cdots + a_{p2}x_p \\ v_2 = v_{12}y_1 + v_{22}y_2 + \cdots + v_{q2}y_q \end{cases}$$

u_2 和 v_2 与 u_1 和 v_1 相互独立，但 u_2 和 v_2 相关。如此继续下去，直至进行到 k 步，两组变量的相关性被提取完为止，可以得到 k 组变量。

4.3.2.7 结构方程式模型

结构方程模型（SEM）是近 20 年应用统计学领域中发展较为迅速的一个分支。结构方程模型是一种非常通用的、主要的线形统计建模技术，广泛应用于心理学、经济学、社会学、行为科学等领域的研究。实际上，它是计量经济学、计量社会学与计量心理学等领域的统计分析方法的综合。多元回归、因子分析和通径分析等方法都只是结构方程模型中的一种特例。

结构方程模型是利用联立方程组求解，它没有很严格的假定限制条件，同时允许自变量和因变量存在测量误差。在许多科学领域的研究中，有些变量并不能直接测量。实际上，这些变量基本上是人们为了理解和研究某类目的而建立的假设概念，对于它们并不存在直接测量的操作方法。人们可以找到一些可观察的变量作为这些潜在变量的“标识”，然而这些潜在变量的观察标识总是包含了大量的测量误差。在统计分析中，即使是对那些可以测量的变量，也总是不断受到测量误差问题的侵扰。自变量测量误差的发生会导致常规回归模型参数估计产生偏差。虽然传统的因子分析允许对潜在变量设立多元标识，也可处理测量误差，但是它不能分析因子之间的关系。只有结构方程模型既能够使研究人员在分析中处理测量误差，又可分析潜在变量之间的结构关系。

最初，结构方程模型主要应用于教育学、心理学。例如，在社会教育学中的成人教育、青少年犯罪，教育社会学中的大学差异研究、健康教育学中的吸毒调查、饮酒、戒烟、虫牙的预防，体育教育学中的运动训练，学校教育学中的课程评价，教育测量学中的信度分析、测验理论等。在心理学领域，临床心理学中的生活指导、DMSIII、精神健康量表、心

里不安测量、精神分裂症，发展心理学中的双胞胎研究，同一性、个案追踪研究、社会心理学中的归属理论、态度、性别差异、灾害心理，学习心理学中的遗忘、白鼠的行为分晓，实验心理学中的知觉、棒框测验，认知心理学中的阅读研究，人格心理学中的自我概念，智力研究中的记忆，斯坦福—比纳智力测验等。在其他学科领域中，如社会学中的反社会行为、市场学中的消费者行为、经营学、犯罪学、人口学、经济学等的应用研究中都用到了 SEM。

其建模步骤有：①模型设定。研究者根据先前的理论以及已有的知识，通过推论和假设形成一个关于一组变量之间相互关系（常常是因果关系）的模型。这个模型也可以用路径表明制定变量之间的因果联系。②模型识别。模型识别是设定 SEM 模型时的一个基本考虑。只有建设的模型具有识别性，才能得到系统各个自由参数的唯一估计值。其中的基本规则是，模型的自由参数不能够多于观察数据的方差和协方差总数。③模型估计。SEM 模型的基本假设是观察变量的反差、协方差矩阵是一套参数的函数。把固定参数和自由参数的估计代入结构方程，推导的协方差矩阵 Σ，使每一个元素尽可能接近于样本中观察变量的观察的协方差矩阵 $\boldsymbol{S}$ 中的相应元素。即使 Σ 与 $\boldsymbol{S}$ 之间的差异最小化。在参数估计的数学运算方法中，最常用的是最大似然法（ML）和广义最小二乘法（GLS）。④模型评价。在已有的证据与理论范围内，考察提出的模型拟合样本数据的程度。模型的总体拟合程度的测量指标主要有 χ^2 检验、拟合优度指数（GFI）、校正的拟合优度指数（AGFI）、均方根残差（RMR）等。关于模型每个参数估计值的评价可以用“t”值。⑤模型修正。模型修正是为了改进初始模型的适合程度。当尝试性初始模型出现不能拟合观察数据的情况（即该模型被数据拒绝）时，就需要将模型进行修正，再用同一组观察数据进行检验。

4.3.2.8　预测与决策模型

统计预测与统计决策是统计分析的升华，是统计工作过程的继续。统计预测是根据统计资料或相关的定性资料，通过统计分析，应用统计模型，对不确定事件的数量方面的未来前景所作的预测，既包括动态趋势的预测，也包括回归预测。统计决策有广义和狭义之分，凡是利用统计方法进行的决策都可称为广义的统计决策；狭义的统计决策是指在不确定情况下的决策。统计决策的构成要素有：决策者、决策目标、决策变量、状态变量、效果值、概率。

4.4　方法使用建议

统计数据分析是帮助人们提高控制数字的能力，通过这些庞杂的数字和复杂的关系，揭示事物的本质、特点和发展变化的内在规律的一种有利的工具。面对众多的统计分析方法，需要根据实际情况进行合理的选择方法。

对于检验各个地区或者各个行业之间的环境数据是否存在显著差异，是否存在共性和差异性，可以使用方差分析法，从形式上看，它是检验多个总体均值是否相等的一种统计分析方法；从内容上看，它却是研究多个变量之间关系的一种实用、有效的统计分析方法。也可以考虑高级统计方法，如聚类分析法、主成分分析法、因子分析法等。

对于与环境相关变量，试图找出与其相关的其他影响因素，可以考虑使用相关与回归分析法。在自然界和社会现象中，任何现象都不是孤立的，而是普遍联系和相互制约的。现象间的普遍联系、相互制约往往表现为相互依存的关系，这种依存关系通常有函数关系和相关关系两种类型。函数关系往往通过相关关系表现出来；而当对现象之间的内在联系和规律性了解更加清楚的时候，相关关系又可能转化为函数关系。回归分析法通过一个变量或一些变量的变化解释另一变量的变化。其主要内容和步骤是，首先根据理论和对问题的分析判断，将变量分为自变量和因变量；其次，设法找出合适的数学方程式（即回归模型）描述变量间的关系；由于涉及变量具有不确定性，接着还要对回归模型进行统计检验；统计检验后，最后是利用回归模型，根据自变量去估计、预测因变量。

对于未来的发展趋势，可以考虑使用时间数列分析法和统计预测与决策模型。时间数列是把反映某一现象的同一指标在不同时间上的取值，按时间的先后顺序排列所形成的一个动态数列。它反映社会经济现象发展变化的过程和特点，是研究现象发展变化趋势和规律以及对未来状态进行科学预测的重要依据。时间数列分析法最常用的有两种：一是指标分析法，二是构成因素分析法。指标分析法通过计算一系列时间数列分析指标，包括发展水平、平均发展水平、增减量、平均增减量、发展速度、平均发展速度、增减速度和平均增减速度等来揭示对象的发展状况和发展变化程度的分析方法。构成因素分析法将时间数列看做是由长期趋势、季节变动、循环变动和不规则变动集中因素所构成的，通过对这些因素的分解分析，揭示对象随时间变化而演变的规律，并在揭示这些规律的基础上，假定事物今后的发展趋势遵循这些规律，从而对事物的未来发展做出预测。

第 5 章　环境经济综合分析

5.1　环境经济综合分析概述

5.1.1　环境经济综合分析的意义

环境经济综合分析是在可持续发展理论指导下，以统计数据为主要数据源，以各种环境统计方法和环境经济方法为主要手段，根据分析研究的目的，进行经济环境现状综合分析、经济发展环境压力分析、经济环境预测以及经济环境核算等不同内容的分析研究，把经济系统和环境系统结合起来，揭示环境经济现象的内在本质和发展规律。

环境经济统计作为认识环境经济现象的重要工具，其根本任务在于揭示环境经济现象的内在本质及其规律。但是，环境经济现象是错综复杂的，它们的发展变化是各种因素相互制约、相互影响的结果。因此，从全面综合的角度，把经济系统和环境系统联系起来进行环境经济综合分析，具有重要的政策内涵。

首先，环境压力预警分析对地区经济发展规模调控、产业结构调整等方面具有重要的倒逼作用。在压力—状态—响应（PSR）理论模型的指导下，构建经济发展与环境污染关系的指标体系，结合地区环境承载力，分析在不同经济发展速度和不同经济发展模式下，经济发展对环境污染的压力状态和地区的环境承受程度，可为地区产业结构调整、污染减排政策落实、地区经济可持续发展等提供重要的科学依据。

其次，经济环境预测模拟为国家、地区环境管理、规划和相关决策提供有效支撑。利用各种环境经济数据和环境经济预测模型，把社会、经济、环境三个子系统联系起来，利用多种预测情景，模拟在不同经济发展速度和不同环境污染治理水平下，区域环境各种污染物的产生和排放情况以及污染治理投资水平，为国家环境形势预测提供科学、持续的动态工具。

最后，经济发展的资源环境代价核算为建立资源节约型、环境友好型社会，改变传统的 GDP 政绩考核制度提供科学依据。利用各种环境经济核算的理论方法，对经济发展的资源、环境、生态损失进行核算，分析经济发展的资源环境代价，将经济发展的资源环境损失从国民经济中扣减，真实地反映国民经济发展的社会福利水平，探讨区域可持续发展能力，为推动生态文明建设、改变传统 GDP 政绩考核提供参考。

5.1.2 环境经济综合分析的特点

环境经济分析具有下述特点：

（1）综合性和系统性相结合

环境经济综合分析是把经济系统和环境系统联系起来，对在社会经济发展驱动下环境系统产生的压力、状态、响应等进行分析、判断和预测。要揭示环境系统的压力、状态、响应关系，就需要对多种介质，利用多个指标、多种环境问题，采用多种方法进行量算和分析。同时，环境经济系统是由环境子系统和经济子系统组成，在环境系统下，又有大气环境系统、水环境系统、土壤环境系统等亚系统组成。因此，综合性和系统性是环境经济综合分析的显著特征。

（2）定量分析与定性分析相结合

环境经济综合分析是利用大量环境经济统计数据，对相关环境经济问题进行综合分析、预测、模拟和核算，定量分析是环境经济综合分析的主要特征之一。但是，环境经济综合分析也需要专家对相关数据揭示出的环境问题进行判断、分析和决策，对相关情景和参数进行设定和质量把控。因此，环境经济综合分析需要定量与定性相结合。

（3）分析性和政策性相结合

环境经济综合分析不仅要对所研究的环境经济问题做出周密的分析和正确的判断与评价，还要发现问题、剖析问题、揭示矛盾，对揭示的问题，提出解决方案和建议，及时为有关部门提供决策参考。如在总量减排工作中，我们可以依据已知现有的资料开展环境经济的综合分析，从中找出随着经济的发展在污染物减排工作中存在的问题，哪些行业的减排工作力度需要加强，哪些企业的污染治理设施需要重点关注等。依此可制定相应的政策，提高减排工作成效。

5.2 环境压力分析和预测

5.2.1 环境压力分析

环境压力定义是指人类活动引起的能够造成环境服务功能退化的对环境状态的扰动力，可以是基于物质流的指标（物质投入与排放）从宏观层面度量环境所遭受的扰动大小。通常将经济活动过程中投入与排放的所有直接和间接的物质量称为环境载荷。由于环境载荷只能从时间尺度上反映环境压力的变化，而不能度量环境压力的程度，因此，需要同时考虑区域的环境载荷及其承载能力，即环境压强。

单位国土面积承受的环境载荷称为“环境压强”或“环境应力”，用以反映区域的环境载荷与其承载能力的关系，计算公式如下：

环境压强=环境载荷/载荷面积

工业系统物质投入端的环境压强主要表现为因综合能源、主要资源和水资源的直接消耗所造成的对自然/资源的需求压力。因此，以直接消耗的综合能源、主要资源和水资源作为投入部分的环境载荷指标。排出部分的环境载荷指标以生产过程中直接排放的主要水体污染物、主要大气污染物和固体废物表征。主要水体污染物以 COD 和 NH_3-N 的排放总量表示，主要大气污染物用 SO_2、NO_x、烟尘和工业粉尘的排放量表示，固体废物包括一般工业废物和危险固体废物的总和。

经济发展的经验表明，在经济发展的初期阶段，环境压力与经济增长的关系是：环境压力随着经济增长速度的加快和经济规模的扩大而加重，环境退化与经济增长有密切的互动关系。但随着经济的发展，技术的提高，环境压力与经济增长呈现不同步增长趋势。环境库兹涅茨曲线提出经济发展与环境压力呈现倒“U”形关系。OECD 通过计算弹性系数，即某特征指标的增长速度与国民经济增长速度的比值，揭示某特征指标与经济增长的互动关系，为此，提出了“脱钩”理论。

“脱钩”（Decoupling）理论是经济合作与发展组织（OECD）提出的形容阻断经济增长与资源消耗或环境污染联系的基本理论①。OECD 把“脱钩”定义为经济增长与环境冲击耦合关系的破裂，并把“脱钩”分为绝对脱钩和相对脱钩。其中，绝对脱钩是指在经济发展的同时与之相关的环境变量保持稳定或下降的现象，而相对脱钩则定义为经济增长率和环境变量的变化率都为正值，但环境变量的变化率小于经济增长率的情形。目前，脱钩理论主要应用于能源消费与经济发展的关系、耕地变化与经济发展的关系以及环境压力与经济发展的关系等方面的研究。“脱钩”理论反映了经济增长与物质消耗不同步变化的实质。在某些情况下物质消耗下降一段时间后（即“脱钩”），物质消耗随经济增长又呈现增加趋势，即物质消耗与经济增长呈现所谓的“复钩”关系（图 5-1）。

$$EC = \Delta ES/\Delta GIOV$$

式中，EC——各环境压力指标的弹性系数；

ΔES——环境压力指标的变化率；

ΔGIOV——经济指标的变化率。

经济发展与环境压力的关系可分为以下 6 种情况（图 5-1）：

① $\Delta ES>0$，$\Delta GIOV>0$，$\Delta GIOV>\Delta ES$，$0<EC<1$，表明环境压力指标和经济均处于增长状态，但各环境压力指标的增长速度慢于经济增长的速度，属于弱“脱钩”状态；

② $\Delta ES>0$，$\Delta GIOV>0$，$\Delta GIOV<\Delta ES$，$EC>1$，表明环境压力指标和经济均处于增长状态，但环境压力指标的增长速度快于经济增长的速度，属于扩张性“复钩”状态；

① OECD. Decoupling: A conceptual overview. Paris:OECD, 2000: 5.

③ ΔES＞0，ΔGIOV＜0，EC＜0，表明环境压力指标处于增长状态而经济却处于下降状态，也就是说，研究对象在以更多的物质消耗或污染物排放为代价的同时，经济非但没有增长，反而下降了，这是一种崩溃状态，属于强“复钩”状态；

④ ΔES＜0，ΔGIOV＜0，ΔGIOV＜ΔES，0＜EC＜1，表明环境压力指标和经济均处于下降状态，但经济下降的速度快于环境压力指标下降的速度，属于弱“复钩”状态；

⑤ ΔES＜0，ΔGIOV＜0，ΔGIOV＞ΔES，EC＞1，表明环境压力指标和经济均处于下降状态，但经济下降的速度慢于环境压力指标下降的速度，属于紧缩性“脱钩”状态；

⑥ ΔES＜0，ΔGIOV＞0，EC＜0，表明环境压力指标处于下降状态而经济处于增长状态，也就是说，研究区经济增长是在不增加甚至减少物质消耗或污染物排放为前提的，属于强“脱钩”状态。

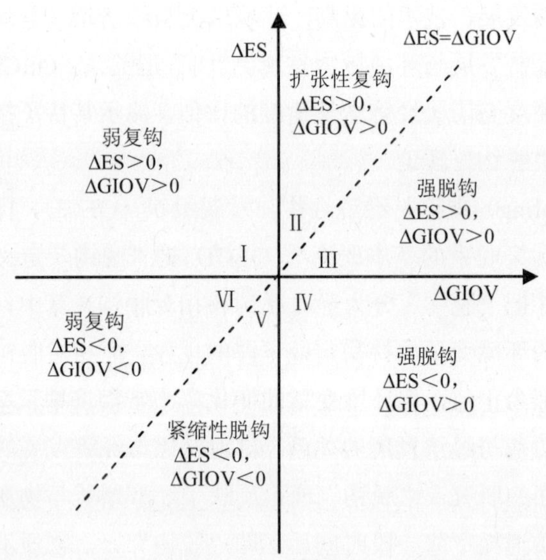

图 5-1 工业系统经济增长和物质消耗、环境压力的关系

5.2.2 环境统计预测

预测是通过对客观事实历史和现状进行科学的调查和分析，由过去和现在推测未来，由已知推测未知，揭示客观事实未来发展的趋势和规律。环境污染预测以历史和现状统计资料为基础，采用科学的预测方法，对环境污染的产生压力、排放趋势进行预测和模拟。环境污染预测不仅可为制定切实可行的环境政策和环境规划提供科学依据，避免决策片面性和决策失误，也是提高环境管理预见性的一种重要手段。

5.2.2.1 环境统计预测的类型

环境统计预测按预测的范围分为宏观预测和微观预测。宏观预测是指对某一研究对象进行的全局性预测。如对人口总规模、国民经济的速度和结构、能源消费结构及消费量、水资源消耗水平、各主要污染物产生量、各主要污染物排放量、环境质量变化情况等的预测，都属于宏观预测。宏观预测立足于全局，往往是指全国性的预测或者是省级的预测。微观预测是指对基层单位的某一方面所进行的预测，如对某一生产经营单位未来生产产品产量、污染物产生量、污染物排放量、污染物削减效率、占区域总量的百分比等的预测均属于微观预测。微观预测立足于某一单位，范围比较小。

按预测方法的特征不同，可分为定性预测和定量预测。定性预测是对环境现象未来的发展趋势和性质作出推测和判断，其目的不在于推算环境现象未来的具体数字。这种预测方法主要是根据预测者相关知识、经验和业务水平以及对问题的分析判断能力来对环境现象未来发展趋势和性质的判断。定性预测综合性强，需要的数据不多，能考虑无法定量的因素，在不需要具体数据的情况下，可采用该种方法。定量预测是对环境现象未来的发展变化趋势用数量作出的预计和推断。这种预测方法是以调查数据为基础，对环境现象未来发展变化趋势进行量的推断。定量预测侧重对环境现象未来数量方面的推算，其运用的前提是影响预测对象的因素相对比较稳定。如果经济条件或其他影响因素发生根本性变化时，定量预测结果就会出现较大的偏差，从而影响预测的质量。环境统计预测属于定量预测，但又需要和定性预测相结合，定性预测和定量预测密切联系，定性预测需要定量处理，定量预测又要以定性分析为前提，二者相互补充，通常表现为定性预测方法与定量预测方法的综合运用。

按预测对象是否包含时间因素，可分为趋势预测和回归预测。包含时间因素的预测可以分为短期预测、中期预测、长期预测，根据各环境现象发展变化规律以及预测者的需求来开展不同时间段的预测，其中最常见的预测方法是趋势预测。趋势预测是根据动态数列资料，分析判断环境现象在一个较长时期内随着时间的推移而呈现出来的长期趋势，通过建立相应的数学模型来推断该环境现象在未来某个时间可能达到的水平。回归预测是依据环境现象之间的因果关系，根据因变量与一个或多个自变量的关系，构建能够反映这种自变量和因变量变动关系的数量分析模型，根据自变量的变化来对因变量的可能取值进行预测。回归预测法是因果关系预测中最基本的预测方法，由于社会经济现象中大量存在具有因果关系的现象，因此，这种预测方法具有广泛的现实基础。

5.2.2.2 环境统计预测的基本原则

环境统计预测主要是模型外推预测，必须坚持两个重要原则：连贯性原则和类推性原则。

连贯性原则。任何环境现象的发展变化都具有一定的连续性和继承性，这是环境现象内在的本质联系决定的。在预测中遵循连贯性原则就是遵循环境现象发展的这种连续性和继承性，据此才可以从已知事件的过去、现在来推测未来。环境现象发展变化的连贯性强，说明该环境现象在其发展过程中受内在决定性因素的影响较大，随机因素的干扰作用较弱，预测结果的误差相对就小。环境现象发展变化的连贯性越弱，说明不确定性因素影响的作用越大，对环境现象发展变化的方向和趋势破坏作用越大，由此，对环境现象未来发展变化趋势预测的误差可能较大。坚持连贯性原则是模型外推预测的根本原则和理论依据。

类推性原则。环境现象之间存在着一定的相似性，通过寻找和分析类似环境现象的相似性规律，根据已知的某环境现象发展变化的特征，可以类推出具有近似特征的预测对象的未来可能达到的状态。类推性原则是统计类推预测的重要理论前提。同一发展阶段的地区，其环境问题具有一定的相似性，环境污染预测可以通过这种相似的分析判断，寻找和分析类似环境现象的相似规律，利用预测对象与其他已知环境现象发展变化在发展阶段上的不同，在表现形式上的相似特点，将已知环境现象发展过程类推到预测对象上，对预测对象的未来前景进行预测。如预测某地区某行业污染物产排量情况可参照其他地区相同行业的发展规律进行类推，也可参照国外先进地区相同行业的发展规律来加以预测；参照某地区污水处理厂的处理规模、处理工艺、运行效率来分析预测该区域的生活污水治理状况；根据国外城镇生活污水治理的工艺水平推断我国相似发展地区的发展趋势。由于在社会经济发展的过程中，我国很多环境活动的发展速度相对落后于国外的同类事物。这样就为我们利用发展速度比较快的国家的同类事物对我国的有关预测对象进行预测提供了条件。

5.2.2.3 环境统计预测的基本程序

环境统计预测是在大量相关环境统计资料的基础上，运用社会、经济、环境统计和数理统计方法研究环境现象发展变化趋势和方向的预测方法。环境统计预测的程序为：①确定环境统计预测目标；②搜集与整理有关历史资料；③确定环境统计预测方法；④建立环境统计预测模式；⑤估计模型参数并进行预测；⑥分析预测误差，修订预测模型；⑦确定预测值，撰写预测报告。在环境预测中，常常采用统计预测的方法，即通过对大量实验或试验资料的统计处理（常用回归分析法），建立反映开发活动与环境后果的关系式，然后在一定的条件下进行预测。运用统计预测，必须注意自变量和因变量要有必然的、本质的联系，统计数据的获得、统计数据的数量、精度应满足一定要求。

（1）确定环境统计预测目的

确定环境统计预测目的就是要明确解决的问题，任何预测都要为一定的研究目的服务，如某行业的污染物治理投资的需求预测，就是为了把握未来时期该行业的污染物产生、排放状况，为控制污染的投资需求情况，为该行业的环境管理政策的制定提供重要依据。搜索什么样的资料、选择何种预测方法和模型取决于不同的预测目的。

（2）搜集与整理有关历史资料

预测目的确定之后，就要按照预测的需要搜集必要的资料。无论是何种预测方法，都要从搜集资料开始。预测必须掌握大量丰富、真实可信的相关资料，资料的搜集是环境统计预测的基础和依据。广泛搜集所需要的资料，既包括历史资料，也包括现实资料；既有数据资料，又有文字资料。

同时，加强对相关资料的审核分析并加工整理。虽然在资料搜集阶段有对资料的准确性要求，但原始资料是否准确还会由于不同原因造成资料和客观实际的偏差。为了保证环境统计预测的质量，需先对原始资料进行审核。对搜集到的资料要认真审核，对不完整和不适用的资料要进行推算和筛选，对异常数据要进行剔除，避免影响预测的质量。同时还要对审核无误的杂乱原始资料进行加工整理，使之条理化。

（3）确定环境统计预测方法

依据不同的预测目的和需求，结合资料的收集整理情况，根据已有统计资料选择与环境现象发展规律相适应的预测方法，对环境现象未来的发展变化趋势进行预测，掌握其在未来时期达到的规模和水平。

（4）建立环境统计预测模式

环境统计预测模型复杂多样，分别适用于不同的研究对象。在审核分析资料的基础上，观察资料结构的性质，按照资料的稳定结构及其变化模式，选择预测模型。建立预测模型是环境统计预测的关键，如果预测模型模拟准确，预测效果就好；否则预测效果就差。

（5）估计模型参数并进行预测

预测模型建立后，必须正确求解模型中的参数，从而使抽象的模型具体化，形成能够反映环境现象发展变化的具体数学方程，反映环境现象之间的数量变化关系。模型参数计算方法是否选用得当，将直接影响到预测结果的可靠性和精确性。求解模型参数的方法很多，如最小平方法、三点法、指数平滑法等，在选择中要根据所掌握的资料以及精确性要求，选择适当的方法，或同时选择多种方法，然后进行比较评价筛选。根据建立的数学方程式，将自变量数值代入数学方程，可对环境现象进行预测，从而得出预测的结果。

（6）分析预测误差，修订预测模型

预测误差是预测值与实际值的偏差。环境统计预测方法毕竟属于模型外推的方法，而预测模型又不可能包容所有的影响因素，因此，采用环境统计预测方法所得到的预测结果就不可能是绝对准确的。预测误差的大小反映预测准确程度的高低和预测模型对客观现象的拟合程度及其代表性。因此，需要对预测误差的大小进行测定，进一步分析产生误差的原因，并对预测模型进行必要的修正，以便更准确地反映环境现象之间的变动关系，尽可能地缩小预测误差。

（7）确定预测值，撰写预测报告

采用科学的预测方法，选用合适的预测模型及参数，得到准确的预测值，据此编写环境统计预测报告。环境统计预测报告是以书面的形式表达对研究对象进行预测的过程和最终取得的预测结果，是环境统计预测工作成果的最终体现，也是相应部门进行决策的重要参考。

环境统计预测基本程序如下（图 5-2）：

图 5-2 环境统计预测基本程序

5.2.2.4 常用的环境统计预测方法

受环境统计预测目标的复杂性影响，环境统计预测是一个定量与定性相结合的灰色预测系统。因此，环境统计系统的预测方法需从定性和定量两个方面进行分析。定性方面的方法主要包括头脑风暴法、德尔菲法和个人判断法等。定量方法又可分为机理模型和经验模型两种类型。其中，机理模型是在一定的假设下，根据主要因素相互作用的机理，对它们之间的平衡关系进行数学描述，主要的机理模型有投入—产出模型、CGE 模型、系统动力学方法等。当问题的机理不清楚或难以直接利用其他知识进行机理建模构建时，可利用已有数据进行曲线拟合，找出变量之间函数关系的近似表达式，通过经验公式建立模型，这种模型为经验模型。回归分析法和趋势外推法都是经验模型的典型代表（图 5-3）。

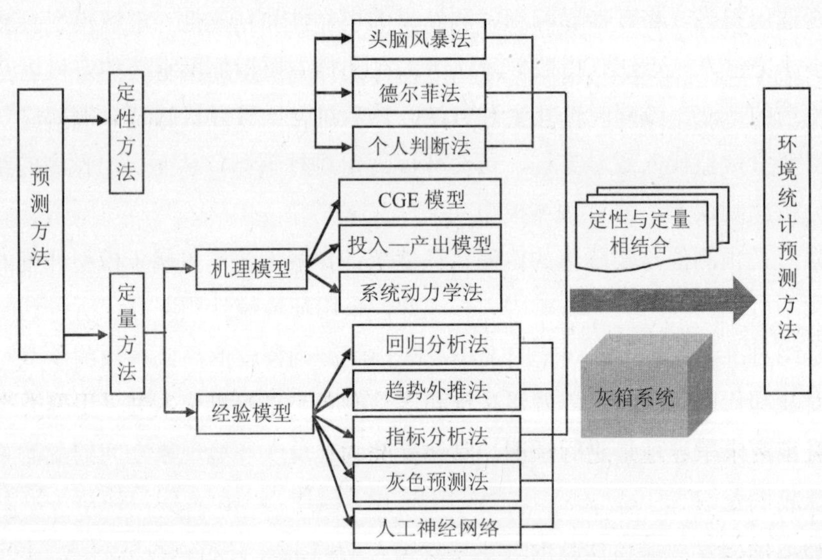

图 5-3 环境统计预测方法

5.2.3 畜禽养殖量预测

5.2.3.1 预测的总体思路

畜禽养殖种类和养殖量受人们的消费需求的影响，而消费需求又与经济发展水平相关。根据发达国家的经验，当居民人均国民总收入达到 1 000 美元时，人们对牛肉和牛奶的消费量将迅速上升。2008 年，我国人均国民收入已达 2 360 美元，我国牛肉和牛奶消费量已进入快速上升阶段。根据粮农组织数据，我国居民对牛肉消费需求量从 1990 年的 3 g/（人·d）上升到 2005 年的 14 g/（人·d）。但与其他国家相比，我国居民牛肉消费量还相对较低，2005 年美国的牛肉人均消费量达到 116 g/（人·d），法国为 73 g/（人·d），英国为 58 g/（人·d）。同时，2005 年我国的牛奶人均消费量为 50 g/（人·d），属于牛奶消费量较低的国家，美国的牛奶消费量为 334 g/（人·d），德国为 200 g/（人·d），法国为 159 g/（人·d），日本为 116 g/（人·d），印度的经济发展水平虽低于我国，但其牛奶消费量却高于我国，为 102 g/（人·d）。因此，未来一段时期内，我国居民牛肉和牛奶的消费量将会呈较快增加趋势。

相对其他国家而言，我国属于猪肉消费量较大的国家。2005 年，我国猪肉消费量为 101 g/（人·d），美国为 82 g/（人·d），法国为 96 g/（人·d），英国为 72 g/（人·d），日本为 55 g/（人·d）。随着人们对健康饮食结构认识的提高，预计未来猪肉比重会呈现下降趋势。

2005 年，我国禽肉消费量为 31 g/（人·d），而美国禽肉消费量为 143 g/（人·d），日本禽肉消费量为 43 g/（人·d），德国禽肉消费量为 40 g/（人·d），法国禽肉消费量为 64 g/（人·d）。我国的鸡蛋消费量为 53 g/（人·d），而美国为 40 g/（人·d），日本为 52 g/（人·d），德国为 33 g/（人·d），法国为 38 g/（人·d），韩国为 28 g/（人·d），我国属于鸡蛋消费量较大的国家，因此，预计未来肉禽养殖量继续增加，蛋禽养殖量基本保持不变。

5.2.3.2 预测方法和结果

基于对我国不同种类畜禽养殖量未来可能变化趋势的判断，本书采用聚类类比法对我国不同种类畜禽未来养殖量进行预测。具体步骤为：

第一，预测我国 2010—2030 年的人均 GDP。采用本项研究经济模块预测的经济增长（GDP）和人口数据，计算 2010—2030 年我国人均 GDP。并将预测的人均 GDP 根据世界银行提供的各国按购买力平价（PPP）的人均 GDP 国际现价美元数据进行折算，以便进行国际对比。经过折算，我国 2007 年、2015 年、2020 年（预期）、2030 年（预期）的人均 GDP 分别为 6 010 PPP、12 854 PPP、15 887 PPP、23 979 PPP。

第二，遴选当前人均收入与我国 2020 年和 2030 年预期人均收入的接近的发达国家（表 5-1）。

表 5-1 一些国家 2003 年 PPP

单位：美元

国家	PPP	国家	PPP
俄罗斯联邦	8 950	法国	27 640
阿根廷	11 410	英国	27 690
韩国	18 000	日本	28 450
新西兰	21 350	澳大利亚	28 780
意大利	26 830	加拿大	30 040
德国	27 610	美国	37 750

资料来源：世界银行。

第三，利用世界粮农组织提供的每个国家 1990—2005 年各种肉类和鸡蛋、牛奶人均需求量数据，其中牛肉需求见表 5-2。用 SPSS 软件进行聚类分析，判断出与我国人均收入大致相等，且牛肉、牛奶、猪肉、禽肉、鸡蛋的需求量相近的国家。聚类结果表明，根据我国未来的经济水平，居民对各种肉类、鸡蛋和牛奶消费与目前的日本、韩国和德国相近，其中日本和韩国对肉类、奶制品的消费偏好与中国类似。

表 5-2 世界各国不同时间的人均牛肉消费量

单位：g/（人·d）

国家	1990 年	1995 年	2005 年	国家	1990 年	1995 年	2003 年
美国	118	118	116	瑞典	74	68	65
日本	24	29	22	澳大利亚	124	110	115
德国	58	44	33	新西兰	91	110	63
法国	89	76	73	俄罗斯	78	60	49
加拿大	96	91	92	阿根廷	179	152	153
英国	57	45	58	韩国	20	28	30

资料来源：世界粮农组织。

第四，以韩国、日本等国家居民对肉类、鸡蛋和牛奶人均年消费量为我国居民在预测年的消费标准，预测出未来我国每年的人均肉蛋类消费量（表 5-3）。

表 5-3 中国各种肉类、牛奶、鸡蛋年消费量预测

单位：kg/（人·a）

年份	牛肉	猪肉	鸡肉	牛奶	鸡蛋
2007	4.62	32.26	13.66	9.91	19.09
2015	6.21	34.68	14.60	20.08	19.71
2020	8.40	33.58	14.97	29.20	18.98
2030	10.22	32.85	15.70	36.50	18.62

根据预测的人均消费量，与预测人口相乘，得到未来我国各种肉类的消费量，再考虑各种肉类的进出口后，计算出未来我国各种畜禽的出栏量（表 5-4）。

表 5-4 中国不同年份各种畜禽的出栏量

单位：万头（万只）

年份	肉牛	猪	肉鸡	奶牛	蛋鸡
2007	4 121	56 162	721 758	456	246 431
2015	5 903	64 337	822 856	984	271 285
2020	8 247	64 373	870 963	1 478	269 766
2030	10 330	64 791	939 817	1 901	272 216

由于牛和猪预测的是出栏量，需要转化为存栏量。本书通过不同年份的牛、猪、鸡的存栏与出栏比，计算出不同畜禽存栏与出栏比的均值（表 5-5）。同时，根据预测的不同年份的全国总的畜禽存栏量，以各省各种畜禽存栏量占全国总存栏比重为权重，计算出各省不同年份的畜禽存栏量。

表 5-5 猪、牛、羊和鸡的存栏与出栏之比

时段	牛	猪	鸡
1999—2000	3.2	0.82	0.56
2000—2001	3.12	0.81	0.57
2001—2002	2.91	0.81	0.59
平均	3.08	0.81	0.57

5.2.3.3 畜禽养殖业废水和污染物预测

畜禽养殖业污染大多属于面源污染，目前我国研究面源污染的资料较为短缺，国内外关于畜禽养殖业废水产生量和排放量的估算方法有两种：一种是试验测定法，在当地选择有代表性的养殖场，用模拟和直接监测的方法对排出的粪尿进行试验，测量其入水量，得到粪尿的入水系数，然后用养分总量乘以入水系数得到入水总量。另一种为源强系数估算法，也叫排污系数法，它是一种基于各种面源污染的数量以及排污系数的估算方法。其中，源强估算法不必考虑面源污染的内在机制，形式简单，参数较少，应用性强，是当前宏观估算来自畜禽养殖、生活排污等面源污染最常用的方法；试验测定法比较适用于微观面源污染排放量的测算。

（1）废水产生系数

废水产生系数和清粪工艺密切相关，如果某一地区主要采用湿法清粪工艺，则废水产生量大，废水中污染物的浓度和废水产生系数高；相反，干法清粪工艺的废水产生量小，

废水污染物浓度低，废水处理工艺也相对简单。我国地域辽阔，清粪工艺差异大，根据第一次全国污染源普查资料，废水产生系数的区域差异也较大。其中，我国南方地区清粪工艺中，湿法工艺所占比重较高。如猪清粪的湿法工艺所占比重高的省份是广东（77.7%）、湖南（63.3%）、福建（52.1%）、四川（48.5%）、广西（47.9%）、江西（47.8%）等。奶牛清粪的湿法工艺所占比重高的省份是湖南（56.2%）、重庆（30.4%）、江西（28.8%）等。我国属于水资源短缺而劳动力丰富的国家，未来我国畜禽清粪工艺中湿法工艺的比重会必然趋于下降趋势。基于此，本书对废水产生系数高的省份，预计 2030 年，这些省份的湿法工艺可下降近 10 个百分点。

（2）污染物排放系数

污染物排放系数是指单位畜禽的平均粪便排放量，它主要与畜禽的种类、品种、养殖方式、饲料和天气条件等因素有关，畜禽粪便的产生量通过不同污染物排放系数来估算。在畜禽污染物排放系数中，COD 的含量最高，其次为 TN 和 TP（表 5-6）。畜禽的种类不同，污染物排放系数中的污染物含量也差异较大。在 COD 排放系数中，奶牛为 1 713 kg/（头·a），肉牛为 874 kg/（头·a），猪为 116 kg/（头·a），肉鸡为 9.2 kg/（只·a），蛋鸡为 7.4 kg/（只·a）。同时，不同地区畜禽养殖的污染物排放系数也有一定差异，以 COD 为例，我国南方地区的奶牛排放系数相对较高，而西北地区相对较低。因畜禽的污染物产生系数随时间变化不大，在预测中假定其保持不变。

表 5-6 不同畜禽各种污染物排泄系数

单位：kg/（头·a）、kg/（只·a）

畜禽种类	COD	氨氮	总氮	总磷
猪	116.4	2.2	10.5	1.6
奶牛	1 713.1	2.5	73.5	11.8
肉牛	874.2	2.7	35.4	4.5
蛋鸡	7.4	0.0	0.4	0.1
肉鸡	9.2	0.0	0.4	0.1

（3）粪便处理利用率

根据第一次全国污染源普查数据，我国畜禽养殖业粪便产生量 2.43 亿 t，尿液产生量 1.63 亿 t。我国现在 80%的规模化畜禽养殖场没有污染治理设施，畜禽粪便处理利用率相对较低。根据第一次全国污染源普查数据，我国畜禽粪便处理利用率约为 40%。就区域而言（图 5-4），青海的粪便处理利用率最低（13. 9%），河南最高（59.6%）。随着技术的发展和我国对发展生物质能源和面源污染问题的日益重视，我国畜禽粪便处理利用率将会呈增加态势。根据《关于加强农村环境保护工作的意见》，2010 年，我国拟提高畜禽粪便处理利用率 10 个百分点，本书以此为基础，预计畜禽粪便处理利用率每 5 年以 10%的速度不断提高，预计 2015

年、2020 年和 2030 年我国猪的粪便处理利用率分别为 60%、71%、85%，奶牛的粪便处理利用率为 60%，70%，84%，肉牛的粪便处理利用率为 53%，62%，77%，蛋鸡的粪便处理利用率为 61%，71%，85%，肉鸡的粪便处理利用率为 44%，54%，70%。

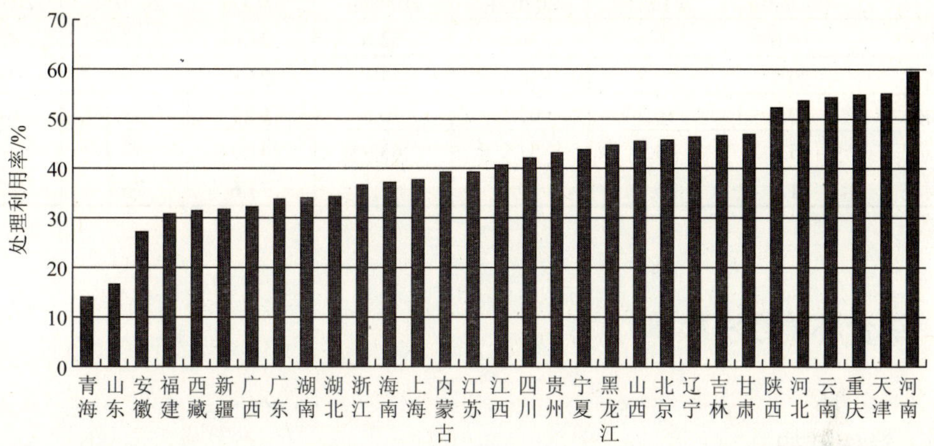

资料来源：全国第一次污染源普查。

图 5-4　2007 年全国不同地区畜禽粪便处理利用率

（4）规模化养殖比例

我国畜禽养殖分为散养、养殖小区和规模化养殖三种模式。散养一般属于农户层面的小规模养殖，畜禽粪便产生量少，且一般与农村居民生活污染物一同处理，因此，本书将散养畜禽污染纳入农村生活部门的测算范围，将养殖小区和规模化养殖都作为规模化养殖处理。参考畜牧业年鉴中各种畜禽所采用的统计范围、农业部与 2007 年污染源普查有关规模化畜禽养殖的定义，本书对规模化养殖的定义为：按存栏量计，猪不小于 100 头，蛋鸡不小于 2 000 只，肉鸡不小于 10 000 只，奶牛不小于 20 头，肉牛不小于 50 头。

由于自然资源和科技水平的约束，畜产品生产系统的生产要素投入一定，畜产品生产的进一步发展只能通过资源的集约使用来实现，因此，未来规模化养殖的比例还会继续提高。结合各种畜禽的规模化养殖比例现状，分三种情景进行设定。高排放情景下，2007—2010 年，猪、肉牛、奶牛、肉鸡和蛋鸡的规模化养殖比例每年分别递增 1.8%、1.5%、2%、1%和 2%，2011—2020 年每年将递增 1.2%、1%、2%、0.8%和 1.8%，2021—2030 年每年将递增 0.8%、0.8%、1.5%、0.3%和 1%。在低排放情景下，2007—2010 年，猪、肉牛、奶牛、肉鸡和蛋鸡的规模化养殖比例每年分别递增 1.5%、1.2%、1.5%、0.8%和 1.8%，2011—2020 年每年将递增 1%、0.8%、1.5%、0.5%和 1.5%，2021—2030 年每年将递增 0.5%、0.5%、1.2%、0.2%和 1%（表 5-7）。

表 5-7 预测年各种畜禽的规模化养殖比例

单位：%

	基准	高情景			低情景		
	2007 年	2015 年	2020 年	2030 年	2015 年	2020 年	2030 年
奶牛	16.6	26.6	36.6	52.6	24.6	32.6	42.6
肉牛	20.8	27.8	34.8	44.8	25.8	30.8	37.8
猪	50.5	56.5	62.5	70.5	54.5	58.5	64.5
蛋鸡	35.9	43.9	51.9	63.9	41.9	47.9	56.9
肉鸡	71.1	75.1	79.1	87.1	73.6	76.1	82.1

5.3 综合环境经济核算

5.3.1 总体框架

传统的国民经济核算体系，特别是作为主要指标的 GDP 已经不能全面地反映经济增长的效率和质量，不能反映经济增长的全部社会成本、经济增长方式的适宜度以及为此付出的资源环境代价。因此，自 20 世纪 70 年代以来一些国家和政府开展了绿色账户体系的研究和核算工作。联合国统计署（UNSD）于 1989 年、1993 年、2003 年和 2012 年先后修订并发布了《综合环境与经济核算体系》（System of Integrated Environmental and Economic Accounting，SEEA），为建立绿色国民经济、自然资源和污染账户提供了基本的核算框架。2006 年 9 月 7 日，国家环保总局和国家统计局两个部门首次发布了我国第一份《中国绿色国民经济核算研究报告 2004》，标志着我国的绿色国民经济核算研究取得了阶段性和突破性的成果。以环保部环境规划院为代表的技术组已经完成了 2004—2012 年共计 9 年的全国环境经济核算研究报告。

环境经济核算是绿色国民经济核算体系框架的关键组成部分，根据 SEEA，完整的绿色国民经济核算体系包括资源耗减成本核算和生态环境退化成本核算两部分。根据我国开展环境经济核算的现实，本部分的环境经济核算仅指生态环境退化成本的核算，包括环境污染损失核算和生态破坏损失核算两部分。

环境经济核算体系总体框架有四组核算表组成：①环境实物量核算表；②环境价值量核算表；③环境保护投入产出核算表；④经环境调整的绿色 GDP 核算表。其中环境实物量核算表又由环境污染实物量核算表和生态破坏实物量核算表组成，环境价值量核算表也包括环境污染价值量核算表和生态破坏价值量核算表。环境污染实物量与价值量核算还分为各地区和各部门的核算表，而生态破坏实物量核算与价值量核算只有地区核算表。

5.3.2 环境污染损失核算

核算内容包括以下三个部分：①污染实物量核算；②环境污染价值量核算；③经环境污染调整的 GDP 核算。

5.3.2.1 污染实物量核算

污染实物量核算是指在国民经济核算框架基础上，运用实物单位（物理量单位）建立不同层次的实物量账户，描述与经济活动对应的各类污染物的产生量、去除量（处理量）、排放量等。环境污染实物量核算主要包括：各地区水、大气、工业固废和城市生活垃圾污染实物量核算；各部门水、大气、工业固废污染实物量核算。

由于在目前的环境统计年报中，按工业行业统计的数据为重点源统计数据，按地区统计的工业污染物排放数据为重点源和非重点源的总排放量。因此，在进行工业行业实物量核算之前，首先需要将地区的污染物总量按工业行业统计的污染物产生、排放、处理量的行业结构折算后进行重新分配。即：

$$Q_{实工i}=Q_{地区}\times\frac{Q_{工i}}{\sum Q_{工i}}$$

式中：$Q_{工i}$——环境统计中行业 i 的污染物量；

$Q_{地区}$——按地区统计的工业污染物量；

$Q_{实工i}$——经过折算后的行业 i 的实际排放量。

（1）水污染核算

核算范围：全省分产业部门和地区核算。产业部门包括农业（种植业、畜牧业）和农村生活、第二产业（各工业行业、建筑业）、第三产业和城市生活。地区包括全省所有市（州）。

核算因子：主要包括废水及废水中主要污染物。其中废水包括工业废水、种植业废水、畜禽养殖废水、农村生活污水、第三产业废水（含集中式）以及城镇生活污水。废水中主要污染物包括 COD、NH_3-N、石油类、重金属和氰化物的产生量、去除量和排放量，新增加农业源总氮和总磷排放量。

核算方法：以环境统计数据为基础，结合地区、行业实际情况及相关研究结果对部分参数进行估算。如种植业、畜牧业和农村生活污水分别采用单位污染物源强系数法、畜禽污染物排放系数法和人均综合生活污染物产生系数法进行计算。根据实际情况，种植业和畜牧业污染物排放也可直接采用环境统计数据。

（2）大气环境污染

核算范围：全省分产业部门和地区核算。产业部门包括农村生活、工业行业、建筑业、第三产业（含机动车）以及城镇生活。地区包括全省所有市（州）。

核算因子：主要包括 SO_2、NO_x和烟（粉）尘、二氧化碳 4 种。主要核算工业 SO_2、NO_x和烟（粉）尘的产生量、排放量和去除量，以及第三产业（含机动车）以及城市生活 SO_2、烟尘和 NO_x的产生量、排放量和去除量。

核算方法：大气污染物产生量和排放量核算采用环境统计和能源统计数据相结合的方法。工业的 SO_2、NO_x和烟（粉）尘三种污染物核算方法基本以环境统计数据为基础进行核算。碳排放账户主要基于能源消费量与 IPPC 提供的碳排放因子核算获得。根据能源数据获得情况，可以进行各部门、工业行业以及各地区的二氧化碳排放量核算。

（3）固体废物污染

核算范围：工业行业固体废物、城镇生活固体废物以及污水处理厂污泥。

核算因子：包括一般工业固废、工业危险固废、生活垃圾和污水处理厂污泥四种。一般工业固体废物和危险废物主要核算产生量、综合利用量、贮存量、处置量和排放量；城市垃圾主要核算产生量、卫生填埋量、填埋量、无害化焚烧量、简单处理量和堆放量。污泥主要是污泥产生量、处置量以及倾倒量。

核算方法：固体废物可能在堆放数年后才被综合利用或处置，即当年统计数据中的综合利用量和处置量，包括往年被贮存或排放的固体废物。固废实物量统计核算因子之间存在如下关系：

工业固体废物产生量＝综合利用量＋处置量＋贮存量＋排放量

综合利用量＝综合利用当年废物量＋综合利用往年废物量

处置量＝处置当年废物量＋处置往年废物量

生活垃圾实物量核算方法：生活垃圾产生量是按核算产生量（城市人口×人均垃圾产生量）和城建年报中的生活垃圾清运量来确定的。

污泥产生量、处置量以及倾倒量直接来源于环境统计年报。

5.3.2.2 环境污染价值量核算

环境污染价值量核算是指在实物量核算的基础上，估算各种环境污染造成的环境退化价值或生态破坏造成的生态破坏价值。其本质是核算环境退化成本。在价值量核算中，也包括对现存经济核算中有关环境的货币流量予以核算，如对污染治理成本（或环境保护成本）的核算。

环境污染价值量核算可以采用污染治理成本法和污染损失法两种方法进行核算。根据《环境经济核算技术指南》，前者核算得到的结果称为污染治理成本，后者核算得到的结果称为环境退化成本。环境污染治理成本分为实际治理成本和虚拟治理成本两部分，实际治理成本是指目前已经发生的治理成本；虚拟治理成本是指将目前排放至环境中的污染物全部处理所需要的成本。从严格意义上来讲，利用这种虚拟治理成本核算得到的仅是防止环境功能退化所需要的治理成本，是污染物排放可能造成的最低环境退化成本，是污染治理成本的下限，可以说并不是实际造成的环境退化成本。环境退化成本（环境污染损失成本）是指在目前的治理水平下，生产和消费过程中所排放的污染物对环境功能造成的实际损害。

利用治理成本法计算的虚拟治理成本，忽视了排放污染物所造成的环境危害，等于假设治理污染的成本与污染排放造成的危害相等，因此环境污染治理的效益就无从体现。因此，从严格意义上来讲，利用这种虚拟治理成本核算得到的仅是防止环境功能退化所需的治理成本，是污染物排放可能造成的最低环境退化成本，并不是实际造成的环境退化成本。

利用污染损失成本法计算的环境退化成本，需要进行专门的污染损失调查，确定污染排放对当地环境质量产生影响的货币机制，从而确定污染所造成的环境退化成本。环境退化成本一般是以地域范围来计算的，它对 GDP 的调整仅限于总量层次，要分解到产生污染排放的各个部门有一定困难。但从理论上来说，污染损失才是真正的环境退化成本，只有进行污染损失估算才能体现环境治理的效益。

环境污染价值量核算主要包括以下内容：各地区的水污染价值量核算、大气污染价值量核算、工业固体废物污染价值量核算、城市生活垃圾污染价值量核算和污染事故经济损失核算；各部门的水污染价值量核算、大气污染价值量核算、工业固体废物污染价值量核算和污染事故经济损失核算。

（1）污染治理成本

利用污染治理成本法核算的环境价值包括实际治理成本和虚拟治理成本两部分。污染物的实际治理成本与虚拟治理成本的核算内容主要包括废水、废气与固体废物，以及各行业、各地区的污染物的实际治理成本与虚拟治理成本。环境污染的实际治理成本的计算，是通过实物量核算得到的污染物治理或去除量与单位污染物实际治理成本而得到的；相似的虚拟治理成本是利用实物量核算得到的排放数据以及单位污染物的虚拟治理成本，为治理所有已排放的污染物应该花费的成本。治理成本按部门和地区进行核算。

（2）环境退化成本

环境退化成本又被称为污染损失成本，是指在目前的治理水平下，生产和消费过程所排放的污染物对环境功能、人体健康、作物产量等造成的实际损害，采用一定的定价方法，如人力资本法、直接市场价值法、替代费用法等环境价值评价方法进行评估，计算得出相应的环境退化价值。与治理成本法相比，基于损害的污染损失估价方法更加合理，是对污染损失更加科学和客观的评价。环境退化成本仅按地区核算。

污染经济损失估算的一般流程（图 5-5）：①弄清污染状况和污染覆盖面；②建立污染物与危害对象之间的剂量反应关系；③调查和统计在污染暴露区受污染危害对象的数量；④估算污染造成的实物量危害；⑤将实物量危害转化为货币损失。

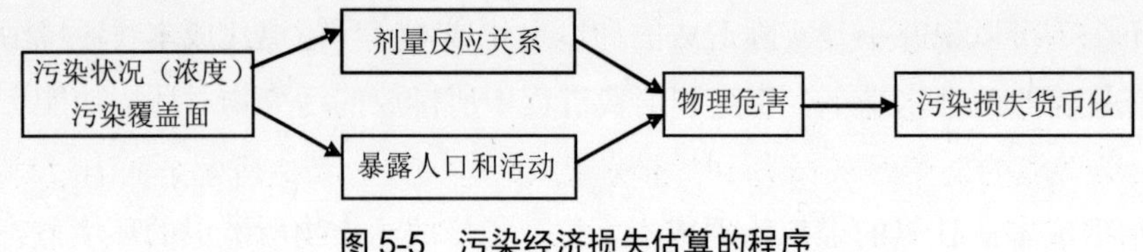

图 5-5　污染经济损失估算的程序

环境退化（环境污染损失）核算成本主要包括以下四个方面：

1）水环境污染损失

①水污染造成的健康经济损失

水污染造成的健康经济损失的危害评价内容包括 2 项：a. 农村人口中取水方式为非自来水供水的人群相对于取水方式为自来水供水的人群增加的介水性传染病发病人数（5 岁以下儿童腹泻发病情况）；b. 农村人口中取水方式为非自来水供水的人群相对于取水方式为自来水供水的人群增加的恶性肿瘤死亡人数。

饮用水污染造成的健康经济损失=介水性传染病发病造成的经济损失+饮用水污染带来的恶性肿瘤死亡造成的经济损失。

②污染型缺水造成的经济损失

在污染型缺水造成的经济损失核算中需要确定的参数就是污染型缺水量占总缺水量的比例，这是此部分损失评价的一个难点。理论上，缺水量等于资源型缺水、设施型缺水和污染型缺水之和。但因为本研究无法获得设施型缺水的数据，这里暂不考虑设施型缺水的问题。

污染型缺水造成的经济损失＝污染型缺水量×水资源影子价格

③水污染造成的农业经济损失

本次核算直接利用不符合农业生产水质的水量和水资源的农业生产影子价格来计算水污染造成的农业经济损失。采用劣Ⅴ类农业用水量与农业生产水资源价格对水污染造成的农业经济损失进行估算。

④水污染造成的工业用水额外治理成本

工业用水额外治理成本是指由于供水水质超标，某些对水质要求较严格的特殊行业（如食品加工和制造业、医药制造业、纺织印染业、化工制造业）需要额外安装预处理设施或添加特殊药剂。额外增加处理设施的成本或增加的处理费用即为水污染造成的直接工业经济损失，这项损失采用防护费用法进行核算。

⑤水污染造成的城市生活经济损失

水污染引起的城市生活经济损失由两部分组成：第一部分为城市生活用水的额外治理成本，第二部分为城市居民因为担心水污染而带来的家庭纯净水和自来水净化装置防护成本。这两部分损失都采用防护费用法进行核算。

本研究只核算城市家庭洁净水替代成本，农村家用洁净水替代成本暂不考虑。

2）大气环境污染损失

①大气污染造成的健康经济损失

大气污染造成的健康经济损失由 3 部分组成：①大气污染造成的全死因过早死亡人数和死亡损失，经济损失由人力资本法评价；②大气污染造成的呼吸系统和心血管疾病的住院增加人次和休工天数及其经济损失，经济损失由疾病成本法评价；③大气污染造成的慢性支气管炎的新发病人数及其经济损失，经济损失由患病失能法评价。这三者之和即为大气污染造成的健康损失成本。

核算最终选定全死因死亡增长率作为评价终端。同时，选用呼吸系统和心血管疾病住院增长率和慢性支气管炎发病率作为患病评价终端。

②大气污染造成的农业经济损失

环境质量是农作物生产的重要生产要素，环境质量的恶化将导致农作物产量的减少，农作物产量减少的经济价值可以用市场价值来计算，以此作为环境质量恶化造成的农作物经济损失。

③大气污染造成的材料经济损失

核算 SO_2 和酸雨两种污染因子对材料造成的经济损失。

本次核算仅考虑建筑材料的损失。污染对建筑物和材料的损害包括褪色、保护涂层脱落、刻纹细节的损失和结构缺陷，影响材料的使用寿命，其损失计算的终端危害为污染条件下材料寿命的减少年数。

由于大气污染造成的经济损失的核算需要卫生部门统计数据、建筑材料统计数据及农业减产等资料，如果资料缺失或难以获得，可以采用在 2004 年试点核算结果的基础上，假定其实物量不变，依据价格指数的变动而计算得到，但该部分核算结果与实际存在一定的偏差。

3）固体废物经济损失核算

固体废物经济损失核算，主要包括固体废物占地造成的土地使用功能机会丧失的污染经济损失。

固体废物污染造成的损失及其严重程度经常在相当长的时间后才表现出来，而且除占地直接污染外，其他大部分通过大气和水等介质的二次污染表现出来。因此，固体废物污染具有显著的滞后性、长期性和转移性特点，固体废物污染损失是固体废物与其他因素综合作用的结果。在本次核算中主要针对固体废物占地造成的污染损失进行核算。

固体废物占用土地具有长期性，因此其带来的损失需要考虑长期效应。本书假定土地被占用后就永远丧失了其作为生产作物使用功能的机会，计算时考虑价值贴现问题。

4）污染事故经济损失

污染事故造成的损失是指由于意外事件的发生，使得人们的各种既得利益或者预期利益的损失，包括物质财富的损失、经济利益的损失和社会利益等的丧失；也可以分为直接损失和间接损失。事故造成的经济损失，按照造成的原因分为直接经济损失和间接经济损失，污染事故造成的经济损失分别从这两个方面进行评估，从而得到事故造成的总经济损失。

污染事故造成的损失的价值量核算是建立在实物量核算的基础上，采用各种不同的价值化的方法，最终得到一个货币化的经济损失数据。污染事故按地区采用污染损失成本法进行。

污染事故包括水污染事故、大气污染事故、固体废物污染事故、放射性污染事故以及噪声和振动危害事故等。污染事故造成的实物量损失核算的主要内容为事故发生地区的人员伤亡、财产、资源损失量、为降低事故损失投入的各种物资数量等。

5.3.2.3 经环境污染调整的 GDP 核算

将水污染价值量核算、大气污染价值量核算和固体废物污染价值量核算的结果按行业和地区进行汇总，即得到经环境污染调整的绿色 GDP 总量。

经环境污染调整的 GDP 核算（EDP）方法有三种：

（1）生产法：EDP=总产出–中间投入–环境成本。

（2）收入法：EDP=劳动报酬+生产税净额+固定资本消耗+经环境成本扣减的营业盈余。

（3）支出法：EDP=最终消费+经环境成本扣减的资本形成+净出口。

经环境污染调整的 GDP 仅用环境污染的虚拟治理成本对 GDP 进行调整，环境污染损失等其他内容仅用作和 GDP 总量进行对比分析，不从 GDP 中直接扣减。

5.3.3 生态破坏损失核算

5.3.3.1 目的与原则

生态破坏损失是指生态系统因人为原因导致生态质量退化，影响其正常生态服务功能的发挥所带来的各项生态服务损失。进行生态破坏损失核算的目的在于，在绿色国民经济核算框架的基础上，建立各类生态系统服务的实物量破坏信息，并通过价值评估技术将生态破坏实物量折算为生态破坏价值量，计算出生态破坏价值损失，即生态破坏损失。通过生态系统服务功能的实物破坏量和价值量的核算，将经济活动的发生与生态系统质量状况的变化联系起来。

由于在一定的时间周期内生态系统实物量数据变化较小，因此，生态破坏实物量以最近可用的调查数据为基准进行核算，并认为实物破坏量在一定核算期内保持不变；各年生态破坏损失计算所用技术参数根据各年实际情况进行调整。

5.3.3.2 核算内容

联合国《千年生态系统评估》（Millennium ecosystem Assessment，MA）根据生态系

统的功能，把生态系统服务划分为供给服务、调节服务、文化服务、支持服务 4 类，但他也承认有些类型可能会重合。其中供给服务包括提供食物、木材、工业原料、药材等，调节服务包括涵养水源、固碳释氧、吸纳废物、保育土壤、保护生物多样性等，文化服务包括景观、游憩、科研教育等，支持服务包括初级生产、营养循环、蒸腾、土壤形成等。

为了与国内生产总值（GDP）概念相对应，我们计算的是在一个单位时间内（通常是一年）生态系统提供的“产品产量”（或“服务量”）的价值，而不包括“资产存量”的价值。这是因为生态系统服务来源于生态系统的功能，功能和服务不是一回事：前者是源，后者是流；“源”是存量，“流”是流量。目前国际上的一致认识是，生态服务就是被人类利用了的生态系统的那部分功能。正是因为被利用了，所以才为估价提供了可能。我们只能计算生态系统的“产品”（即生态产品）的价值[3]。生态系统的“自养服务”不是最终产品，不应予以估价，人类从生态系统那里受益的只能是最终产品[4]。因此，本研究在核算生态系统服务价值时不对“初级生产”“营养循环”一类的自养性服务进行估价。

选择森林、草地、湿地、耕地、海洋等生态系统最重要和最典型的服务价值进行核算，并根据人为原因导致生态质量退化情况核算各个生态系统的生态破坏损失，也包括矿产开发引起的生态破坏损失。可以参考生态破坏损失核算指标体系进行核算（表 5-8）。

表 5-8 生态系统生态破坏损失核算指标体系构成

生态系统	供给服务		调解服务							
	提供产品	供给淡水	调节大气	涵养水源	调节水分	净化水质	固土	保肥	净化污染	维持生物多样性/保护生物栖息地
草地	√		√	√		√	√	√	√	√
森林	√		√	√		√	√	√	√	√
湿地	√	√	√		√	√				√
耕地	√		√	√			√	√		
海洋	√		√		√				√	√

5.3.3.3 核算方法

生态破坏损失价值为草地、森林和湿地生态系统生态破坏损失价值之和。即：

$$L=\sum L_i, i=1,2,\cdots,n$$

式中，L——生态破坏损失价值；

L_i——不同生态系统生态破坏损失价值，包括草地、森林、湿地、耕地和海洋生态系统的生态破坏损失价值。

对于生态破坏损失的核算，以草地生态系统为例，首先计算生态系统所产生的年总服务价值，然后计算人为破坏率，将二者相乘并汇总即为生态破坏损失价值，即：

$$L_g=\sum V_g \times r_g$$

式中，L_g——草地生态破坏损失价值；

V_g——草地的各种生态服务价值，如提供产品、调节水量、水土保持等，g=1，2，…，n；

r_g——人为破坏率，采用牲畜超载率与人为破坏率的 Logistic 关系模型[5]。

5.3.4 环境污染对经济影响的综合分析

5.3.4.1 环境价值量核算结果分析

（1）虚拟治理成本

按污染物种类（按水、大气、固废划分），分产业、行业和地区将虚拟治理成本和实际治理成本的绝对值进行对比，以及不同产业、行业和地区污染物虚拟成本所占比重表明环境治理投入的欠账情况。

污染治理扣减指数是虚拟治理成本与当年 GDP 的比值。随着经济的快速增长，污染治理扣减指数表明污染物的治理投入同经济快速发展速度的同步程度，从而说明节能减排工作力度。

（2）环境退化成本

环境退化成本按污染介质来分，包括大气污染、水污染和固体废物污染造成的经济损失；按污染危害终端来分，包括人体健康经济损失、工农业（种植业、林牧渔业）生产经济损失、水资源经济损失、材料经济损失、土地丧失生产力引起的经济损失和对生活造成影响的经济损失。因此，我们可以得到不同污染物造成不同危害的经济损失所占比重的情况，尤其是我们比较关注的污染造成的人体健康经济损失的情况。

GDP 环境退化扣减指数是指环境退化成本占地区 GDP 的百分比。

5.3.4.2 经生态环境破坏损失调整的 GDP

经环境污染成本与生态破坏损失调整的 GDP 是指用环境污染的虚拟治理成本、退化成本以及生态环境退化成本对 GDP 进行的调整。本研究分别采用 GDP 污染治理扣减指数、GDP 环境退化扣减指数和 GDP 生态环境退化指数来核算。

GDP 污染治理扣减指数是指虚拟治理成本占调整前当年地区合计 GDP 总量的百分比：

GDP 污染扣减指数=虚拟治理成本/当年地区合计 GDP×100%

该指标可以按照产业部门和地区分别进行计算。

GDP 环境退化指数是指环境退化成本占当年地区合计 GDP 的百分比：

GDP 污染扣减指数=环境退化成本/当年地区合计 GDP×100%

GDP 生态环境退化指数是指生态环境破坏损失占当年地区合计 GDP 的百分比，其中，生态环境破坏损失是环境退化成本与生态破坏损失之和，揭示了经济增长的资源环境代价。

GDP 污染扣减指数=（生态破坏损失+环境退化成本）/当年地区合计 GDP×100%

5.3.4.3　绿色弹性系数

“绿色弹性系数”是指污染物虚拟治理成本变化率与 GDP 增长率的比值，用来反映污染负荷的变化与社会经济的发展相互制约的关系以及发展趋势和规律。即：

绿色弹性系数=污染物虚拟治理成本变化率/经济总量的增长率

虚拟治理成本变化率=（当年污染物虚拟治理成本-上一年污染物虚拟治理成本）/上一年污染物虚拟治理成本

绿色弹性系数大于 0，表明污染物虚拟成本随经济增长而增加；

绿色弹性系数小于 0，表明污染物虚拟成本随经济增长而减少，即“增产不增污”。

通过计算绿色弹性系数，可以对各个地区进行排名。绿色弹性系数越小，地区排名越靠前，表明该地区受经济发展的负面影响越小；系数越大，地区排名越靠后，表明该地区环境系统对经济发展的灵敏度越大，环境承受力显得相对脆弱。

5.3.4.4　GDP 环境污染治理投资指数

环境污染治理投资包括工业污染源治理、与城市环境建设直接相关的用于形成固定资产的资金投入、治理设施运行费用以及各级政府的环境管理方面的投资。其中，各级政府环境管理方面投入的数据获取困难，本研究的环境污染治理投资只包括三个方面：①城市环境基础设施建设投资，包括燃气、排水、园林绿化以及市容环境卫生；②工业污染源治理投资，包括治理废水、废气、固体废物、噪声以及其他；③建设项目“三同时”环保投资。

GDP 环境污染治理投资指数是指环境污染治理投资占当年 GDP 的百分比：

GDP 环境污染治理投资指数=环境污染治理投资/当年 GDP×100%

5.4　环境政策绩效评估

绩效评估是环境政策生命周期的重要组成部分，绩效评估既包括对政策或项目实施过程中的绩效分析，也包括政策或项目完成后的后评价。以下以污染减排政策绩效评估为例，说明环境指标、环境指数及相关分析方法的应用。

5.4.1　指标体系构建

从我国的国情来看，通过一系列指标或指标组合来反映污染减排政策绩效难以直观展示减排政策的综合效果，尤其是在不同指标的评价导向不同时，更难以综合衡量某一区域减排政策的实施成效。同时还要看到，全面的评价指标体系涉及众多指标，部分指标尤其是环境影响指标尚不能得到现有统计数据的支持，很难加以量化。因此，现阶段采取全面的评价指标体系进行“十一五”污染减排政策绩效评估的条件尚不具备。

基于上述考虑，建议在全面的污染减排政策绩效评估指标体系基础上，基于我国的统计现状和污染减排工作的实际开展状况，建立一套相对简化的、能够得到可靠的、具有可对比性数据支持的评价指标体系。

同时，在具体的评估方法上，基于单个指标或指标组合的评价往往局限于某一个方面，不能对国家或某一区域的综合绩效进行量化描述。而通过构建减排绩效指数，对所获得的各项绩效指标进行加总，得到一个介于 0～100 的分值显然更符合减排政策绩效评估的需求，既可以通过自身横向对比，体现国家或省市在减排工作方面的进展，也可以通过同一指标体系在不同区域的评估结果，横向对比不同区域污染减排政策成效，为后续的绩效管理提供依据。

简化后的指标体系共包含 19 个指标，主要从政府响应、环境压力、环境状态和综合影响四个方面来描述。其中，政府响应主要选取了反映政府投入、污染治理水平和环境监管能力三个方面的 8 个指标，包括污染治理总投资占 GDP 比例、工业二氧化硫去除率、城镇生活污水处理率、工业废水治理设施全年平均运行率、污水处理厂治理设施全年平均运行率、电力行业综合脱硫效率、淘汰落后产能数量和国家重点监控企业在线监测设施稳定联网比例 8 个指标，体现了政府污染治理投入政策和各项环境监管政策的直接效果。

环境压力方面，主要选取了化学需氧量排放量和二氧化硫排放量两个指标，这是“十一五”国民经济和社会发展规划纲要列出的两个考核指标，也是污染减排的重点工作目标，全面指标体系中其他领域的压力指标没有纳入简化版的指标体系。

环境状态方面，综合选取了重点城市空气质量好于二级标准的天数超过 292 天的比例、监测城市出现酸雨的城市个数比例（%）、地表水国控断面劣Ⅴ类水质比例、七大水系国控断面好于Ⅲ类的比例四个指标，反映水环境和大气环境质量的变化。

由于环境影响类指标数据难以获取，仅列入了大气污染造成的经济损失一个指标，主要反映空气污染对农业和建筑物造成的影响。另外，综合影响部分列入了重污染行业化学需氧量和二氧化硫排放两个指标，反映减排政策对促进产业结构优化的影响；同时，为了反映污染减排对温室气体减排的协同效应，选择关闭落后产能带来的二氧化碳减排量来反映减排政策对降低温室效应的贡献，具体指标体系见表 5-9。

表 5-9　适合国情的减排政策绩效评估指标体系

综合指标	具体指标	指标编号
政府响应	污染治理总投资占 GDP 比例/亿元	（1）
	工业二氧化硫去除率/%	（2）
	城镇生活污水处理率/%	（3）
	工业废水治理设施全年平均运行率/%	（4）
	污水处理厂治理设施全年平均运行率/%	（5）
	电力行业综合脱硫效率/%	（6）
	淘汰落后产能数量/亿元	（7）
	国家重点监控企业在线监测设施稳定联网比例/%	（8）

环境压力	化学需氧量排放量/万 t	(9)
	二氧化硫排放量/万 t	(10)
环境状态	重点城市空气质量好于二级标准的天数超过 292 天的比例/%	(11)
	监测城市出现酸雨的城市个数比例/%	(12)
	地表水国控断面劣Ⅴ类水质比例/%	(13)
	七大水系国控断面好于Ⅲ类的比例/%	(14)
综合影响	公众对城市环境保护满意率/%	(15)
	大气污染造成的经济损失/亿元	(16)
	重污染行业万元工业增加值二氧化硫排放强度/（kg/万元）	(17)
	重污染行业万元工业增加值化学需氧量排放强度/（kg/万元）	(18)
	关闭落后产能所带来的二氧化碳减排量/亿 t	(19)

指标含义和计算方法

1）污染治理总投资占 GDP 比例：环境污染治理投资占当年国内生产总值的比例。

2）工业二氧化硫去除率：工业二氧化硫去除量占工业二氧化硫产生量的比例，其中工业二氧化硫产生量等于工业二氧化硫排放量和工业二氧化硫去除量之和。

3）城镇生活污水处理率：城镇生活污水处理量占城镇居民用水量的比例。

4）工业废水治理设施全年平均运行率：工业废水治理设施实际处理的废水量占设计处理能力的比例。计算公式：

工业废水治理设施全年平均运行率=[工业废水处理量÷365÷工业废水治理设施治理能力]×100%

5）城镇污水处理厂全年平均运行率：城镇污水处理厂及工业区废污水集中处理装置当年实际处理的废水量占其设计处理能力的比例，计算公式为：

城镇污水处理厂全年平均运行率=（污水处理量÷365）÷[（污水处理厂设计处理能力+集中处理装置处理能力）÷10 000]×100%

6）电力行业综合脱硫效率：环境统计年报中电力、热力的生产和供应业当年二氧化硫去除量与二氧化硫产生量的比例。综合脱硫效率主要受脱硫设施脱硫效率及投运率的影响。计算公式为：

综合脱硫效率=二氧化硫去除量÷（二氧化硫去除量+二氧化硫排放量）×100%

7）淘汰落后产能数量：按照淘汰产能所生产出的产品价值计算。淘汰落后产能的目标值采用国务院“十一五”节能减排综合性工作方案中列出的淘汰目录计算获得。

8）国家重点监控企业在线监测设施稳定联网比例：在已实施自动监控国家重点监控企业中化学需氧量监控设备和二氧化硫监控设备与环保部门稳定联网（套）数所占的比例，计算公式为：

国家重点监控企业在线监测设施稳定联网比例=[化学需氧量监控设备与环保部门稳定联网（套）数+二氧化硫监控设备与环保部门稳定联网（套）数]÷已实施自动监控国家重点监控企业数×100%

由于2010年环境统计年报中不再涉及二氧化硫/化学需氧量监控设备与环保部门稳定联网（套）数的相关指标，因此该指标2010年数据的计算公式为：

国家重点监控企业在线监测设施稳定联网比例=已实施自动监控国家重点监控企业数（家）÷重点监控企业自动监控已联网数（家）×100%

9）化学需氧量排放量：当年年末化学需氧量实际排放量。

10）二氧化硫排放量：当年年末二氧化硫实际排放量。

11）重点城市空气质量好于二级标准的天数超过292天的比例：全年空气质量达到二级或二级以上标准的天数超过292天的重点城市个数占全部重点城市的比例。

12）监测城市出现酸雨的城市个数比例：监测城市中出现酸雨的城市个数占当年全部监测城市个数的比例。

13）地表水国控断面劣Ⅴ类水质比例：当年地表水为劣Ⅴ类水质的国控断面占全部地表水国控断面的比例。

14）七大水系国控断面好于Ⅲ类的比例：当年七大水系国控断面好于Ⅲ类水质占七大水系国控断面的比例。

15）公众对城市环境保护满意率：公众对城市环境保护状况的总体评价，根据环境保护部污染防治司年度“城考”公众满意率调查结果，计算所有参评城市的满意率平均值获得。由于该指标于2007年首次纳入“城考”，因此2005和2006年数据缺失。

16）大气污染造成的经济损失：主要通过大气污染给人体健康、农业、建筑物、清洁等方面造成的损失进行价值核算。其中，大气污染对人体健康损失主要核算了污染物PM_{10}导致的人体过早死亡损失、与呼吸系统和循环系统相关的住院人数损失以及失能损失三方面损失；农业损失通过计算二氧化硫和酸雨给农业生产带来的减产和降质的损失；建筑物腐蚀损失主要计算酸雨导致各种建筑材料使用寿命下降而造成的损失；清洁费用主要计算因粉尘等污染物而产生的室外清洁费用和室内清洁费用。二氧化硫是“十一五”期间的减排指标，因此，本书只计算与二氧化硫相关的农业污染损失和建筑物腐蚀损失两项。大气污染损失指标数据来源于环境保护部环境规划院主持的环境经济核算项目。

17）重污染行业万元工业增加值二氧化硫排放强度：年度二氧化硫排放前五名重污染行业万元工业增加值的二氧化硫排放强度。二氧化硫排放前五名的行业包括：电力、蒸气及热水的生产供应业，非金属矿物制品业，化学原料及化学制品制造业，黑色金属冶炼及压延加工业，有色金属冶炼及压延加工业。

18）重污染行业万元工业增加值化学需氧量排放强度：年度化学需氧量排放前五名重污染行业万元工业增加值的化学需氧量排放强度。化学需氧量排放前五名的行业包括：造纸及纸制品业，食品加工业，化学原料及化学制品制造业，饮料制造业，纺织业。

19）关闭落后产能所带来的二氧化碳减排量：因关闭落后产能，企业同时产生的协同二氧化碳减排数量。计算方法是根据国务院节能减排综合性工作方案中淘汰落后产能名录，将淘汰产能换算成产品或能源消费量，再以单位产品的碳排放系数进行估算。计算结果表明：到 2010 年年底，如果《节能减排综合性工作方案》中的相关措施能够按时完成的话，通过结构减排，将在减排二氧化硫 240 万 t、化学需氧量 40 万 t 的同时，减排二氧化碳 2.4 亿 t。如果考虑工程措施，增加所增加的二氧化碳排放 1.49 亿 t，管理减排措施所减少的二氧化碳排放 0.26 亿 t。减排措施对二氧化碳的净削减量为 1.17 亿 t。

5.4.2 指标目标值的确定

对环境绩效评估而言，各指标政策目标的确定尤为重要，合理有效的政策目标既是联系各指标所反映的实际环境绩效与政策调控期望的桥梁，也是数据标准化处理的重要参数，对如实、公平地衡量环境绩效水平具有重要影响。对于各指标目标值的确定，有多种思路，有的可以确定最终目标，有的只能确定阶段性目标，而有些只能确定适度变化的目标。一般而言，不同指标目标的确定方法均有差异。

（1）规划目标值法：环境保护“十一五”规划中确定的目标值是污染减排工作的主要目标，也是评估污染减排工作成效的基本依据。根据《国家环境保护“十一五”规划》确定的化学需氧量和二氧化硫排放量、重点城市空气质量好于二级标准的天数超过 292 天的比例、地表水国控断面劣Ⅴ类水质比例（%）、七大水系国控断面好于Ⅲ类的比例（%）、污染治理总投资占 GDP 比例、淘汰涉水落后产能数量、淘汰涉气落后产能数量等指标目标值。

（2）标准目标值法：根据国内有关的标准或要求确定目标值（表 5-10）。如公众对城市环境保护满意率指标，重污染行业化学需氧量排放强度和重污染行业二氧化硫排放强度指标采用了《生态县、生态市、生态省建设指标（修订稿）》中要求的目标值，其中公众对城市环境保护满意率指标采用了生态市考核目标值，其他两个指标采用了生态省考核目标值。

表 5-10 指标目标值

综合指标	具体指标	指标编号	目标值	备注
响应	污染治理总投资占 GDP 比例/%	（1）	1.35	“十一五”规划
	工业二氧化硫去除率/%	（2）	100	理论值
	城镇生活污水处理率/%	（3）	100	理论值
	工业废水治理设施全年平均运行率/%	（4）	100	理论值
	污水处理厂治理设施全年平均运行率/%	（5）	100	理论值
	电力行业综合脱硫效率/%	（6）	100	理论值
	淘汰落后产能数量/亿元	（7）	14 355	
	国家重点监控企业在线监测设施稳定联网比例/%	（8）	100	理论值
压力	化学需氧量排放量/万 t	（9）	1 270	“十一五”规划
	二氧化硫排放量/万 t	（10）	2 295	“十一五”规划
状态	重点城市空气质量好于二级标准的天数超过 292 天的比例/%	（11）	75	“十一五”规划
	监测城市出现酸雨的城市比例/%	（12）	100	理论值
	地表水国控断面劣Ⅴ类水质比例/%	（13）	＜22	“十一五”规划
	七大水系国控断面好于Ⅲ类的比例/%	（14）	＞43	“十一五”规划

综合指标	具体指标	指标编号	目标值	备注
影响	公众对城市环境保护满意率/%	（15）	90	生态市考核目标（修订稿）
	因大气污染造成的经济损失/亿元	（16）	424.85	绿色 GDP 核算结果
	重污染行业万元工业增加值二氧化硫排放强度/（kg/万元）	（17）	＜6.0	生态省考核目标（修订稿）
	重污染行业万元工业增加值化学需氧量排放强度/（kg/万元）	（18）	＜5.0	生态省考核目标（修订稿）
	关闭落后产能所带来的二氧化碳减排量/亿 t	（19）	1.17	“十一五”规划

（3）理论（理想）目标值法：以理论上的最高水平作为目标。如工业废水治理设施全年平均运行率、电力行业综合脱硫效率、国家重点监控企业在线监测设施稳定联网比例等。

根据上述方法对各指标确定目标值（表 5-10）。

5.4.3 数据标准化方法

采用目标值标准化法，通过将指标值与目标值进行比较，将指标值转换成[0，100]的标准化值。当数据越大越好时，

$$P_i=\begin{cases}X_i/A_i\times 100 & X_i<A_i\\ 100 & X_i\geq A_i\end{cases}$$

当数据越小越好时，

$$P_i=\begin{cases}A_i/X_i\times 100 & X_i<A_i\\ 100 & X_i\geq A_i\end{cases}$$

式中，P_i——指标的标准化分数；

X_i——某一指标的实际值；

A_i——指标的目标值。

5.4.4 确定指标权重

对于 DPSIR 的任何一个环节来说，强调哪一个更重要显然是不可能的，作为构成完整逻辑框架的一部分，每一类型的指标都是不可或缺的。排放量既是驱动力的结果，又是造成环境质量变化的直接原因。其他指标也是如此，因此，在评价权重确定方面，没有采用通常的层次分析法或专家调查法，而是认为各因素或各种减排效果同等重要，即采用等权重的方法来作为指标加权依据，这样更为简单和直接。当然，对于政策响应类指标和政策效果类指标来说，各自权重之和均满足等于 1 的条件。

5.4.5 绩效指数的计算

数据标准化完成后，可以通过各指标目标值和权重值计算减排绩效指数（EPPI）。该指数是介于 0～100 的一个数值，指数值越大，说明总体减排成效距离预期目标越近。

5.4.6　评估结果

5.4.6.1　总体结论

根据减排绩效指数计算结果，2006—2010 年，随着总量减排政策的实施，我国的环境治理水平和治理效果得到了显著提高。减排绩效指数由 2005 年的 57.24 提高到了 2010 年的 82.29，增长了 43.76%（图 5-6）。

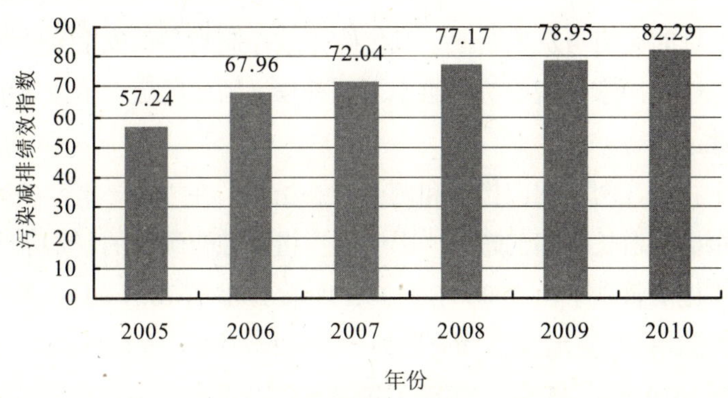

图 5-6　污染减排绩效指数计算结果

从指数各部分组成来看，政策响应类指标对污染减排绩效指数的贡献最大，由 2005 年的 34%提高到了 2010 年的 42%（图 5-7），说明减排政策最明显的成效是推动了污染治理设施建设和管理运行效率的提高。

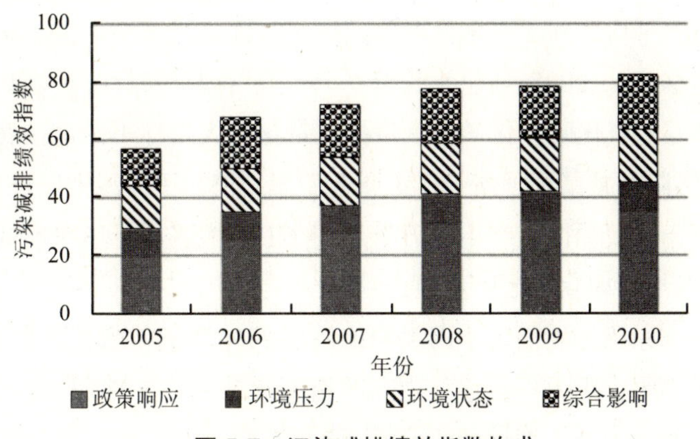

图 5-7　污染减排绩效指数构成

5.4.6.2　分组分析

为了进一步判断不同政策的绩效，对全部 19 个指标按照指标得分情况进行分组，其中有 17 个正向指标（数值越大，表现越好），2 个逆向指标（数值越小，表现越好）。在所有 19 个指标中能够根据年均表征进行趋势分析的指标共有 16 个。根据“十一五”期间减排目标 10%和 2006—2010 年减排绩效指数平均增长率 17.41%为参数，16 个分析指标被分为以下五个组。

第一组为增长率高于 100% 的指标，主要是指电力行业综合脱硫效率和国家重点监控企业在线监测设施稳定联网比例两个指标。两个指标均为响应指标，其中电力行业综合脱硫效率（二氧化硫去除率）由 26.20%提高至 68.55%，国家重点监控企业在线监测设施稳定联网比例则由 31.92%提升至 87.50%。电力行业综合脱硫效率的提高与脱硫电价优惠政策直接相关。脱硫电价的实施与发电企业二氧化硫排放控制设备的安装和运行直接相关，而且企业治污成本能够从国家脱硫电价优惠中得到补偿，因此脱硫电价政策的实施大大增强了企业治污积极性。

第二组的四个指标（两个响应指标和两个状态指标）在“十一五”期间也是有很好的表现，其中单个指标的增长率都已超过“十一五”指标综合绩效的平均水平。工业二氧化硫去除率在减排措施的管理下由 2006 年的 39.14%提升至 2010 年的 63.93%，略低于电力行业的二氧化硫去除率。重点城市空气质量好于二级标准的天数超过 292 天的比例由 2006 年的 44.2%上升至 2010 年的 73.5%，体现了我国重点城市空气质量得到好转的表现。与此同时，城镇生活污水处理率由 2016 年的 43.8%上升至 2010 年的 72.9%，也是长足的进步，并且达到并超出了“十一五”规划目标值。地表水国控断面劣Ⅴ类水质比例由 2006 年的 28%下降为 2010 年的 16.4%，表现出化学需氧量减排带来的效果。

第三组是增长率介于 10%（污染物减排目标值）和 17.4%（“十一五”平均增长率）的一组指标，与前两组相比，这一组的表现不突出并且低于平均增长率。但是这一组的一个共同特点是 2010 年均达到了规划目标值或理想目标值。其中，重污染行业万元工业增加值二氧化硫排放强度从 2007 年起就低于“十一五”规划目标，所以其实际增长率要远远高于相对增长率。二氧化硫和化学需氧量排放量这两大指标不论是在静态削减量上还是相对于 2005 年的实际削减量远远高于“十一五”规划值。环境污染投资占 GDP 比例这一指标表现并不很好，主要原因是“十一五”期间 GDP 增速快于环保投资增速。事实上，与 GDP 挂钩的相对指标均存在这一问题。

第四组中七大水系国控断面好于Ⅲ类的比例由 2006 年的 40%提高至 2010 年的 59.9%，绝对提高率达到了 50%，但是在标准化之后的指标体系中，该指标的增长率仅为 7.51%。造成这一现象的主要原因是规划目标值偏低。监测城市中出现酸雨的个数比例在“十一五”期间没有明显变化，说明单靠控制二氧化硫并不能实现降低酸雨频率的目的。

第五组是增长率低于 0 的指标，为大气污染造成的经济损失。从评价结果来看，“十一五”期间其绩效分值呈下降趋势，表明损失额度在逐渐加大，这与我国大气环境质量总体尚未得到有效遏制的现状是相符的。就减排政策而言，控制二氧化硫的排放是取得了明显效果，但由于历史欠账较多，因污染造成的损失仍呈上升趋势。

5.4.6.3　单一指标分析

（1）环境污染治理投资占 GDP 比例

“十一五”期间，全社会加大了环保投入，环保投资超过 2 万亿元，中央财政环保累计投入超过 1 666.53 亿元，是“十五”投资的近 3 倍。同时，“十一五”污染减排工程总投入约为 8 160 亿元，其中建设投资为 4 550 亿元，运行费用约为 3 610 亿元。另外，《国家环境监管能力建设“十一五”规划》中计划总投资 149.59 亿元，其中中央投资 78.47 亿元；实际完成总投资近 300 亿元，其中中央投资 110 亿元。由此，环境污染治理投资占 GDP 的比例不断提高，如图 5-8 所示，全国“十一五”环境污染治理投资占 GDP 的比例由 2006 年的 1.31%提高到 2010 年的 1.67%，增长 27.4%。

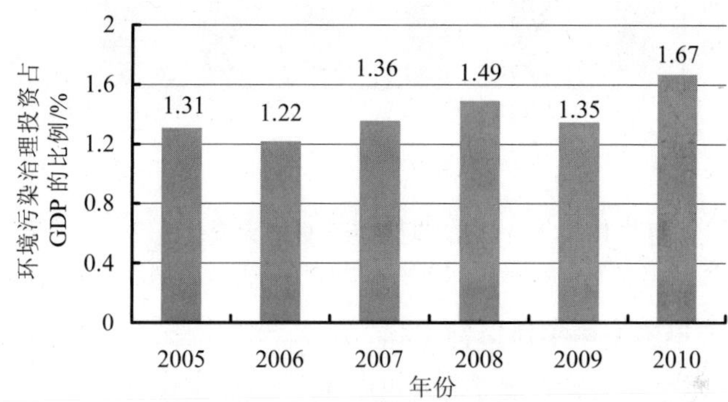

图 5-8　“十一五”时期环境污染治理投资占 GDP 的比例

（2）工业二氧化硫去除率

“十一五”期间环境基础设施建设突飞猛进。全国累计建成运行 5 亿 kW 燃煤电厂脱硫设施，全国火电脱硫机组比例由 2005 年的 12%提高到 2010 年的 80%。如图 5-9 所示，“十一五”期间全国工业二氧化硫去除率由 2005 年的 33.5%提高到 2010 年的 63.9%，增长约 2 倍。

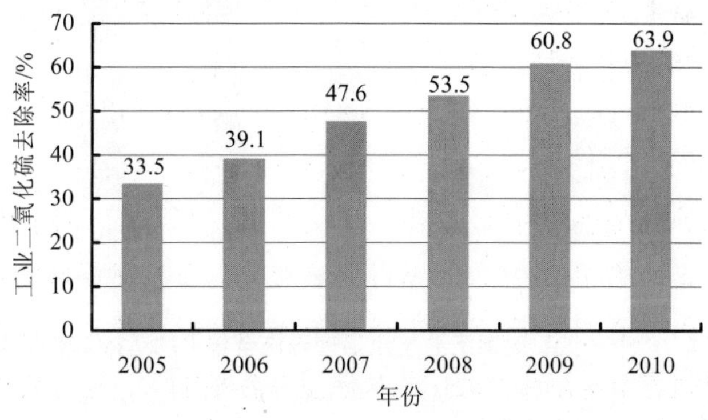

图 5-9　“十一五”时期工业二氧化硫去除率变化情况

（3）城镇生活污水处理率

“十一五”期间，全国新增污水处理能力超过 5 000 万 t/d，日处理能力达到 1.25 亿 m^3，全国累计建成城镇污水集中处理设施 2 832 座（“十一五”期间增加约 2 000 座）。河南、江苏、广东等省县县建成污水处理厂，宁夏在西北地区率先启动县县建设污水处理厂。由此，如图 5-10 所示，“十一五”期间全国城镇生活污水处理率由 2005 年的 37.4%提高到了 2010 年的 72.9%，增长约 2 倍。

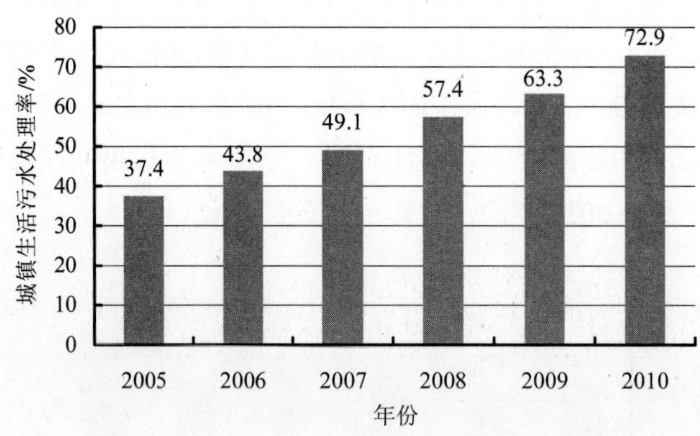

图 5-10 “十一五”时期污水处理率变化情况

（4）工业废水治理设施全年平均运行率

“十一五”期间工业废水治理设施全年平均运行率有所增加，从 2006 年的 62%增长至 2010 年的 65%（图 5-11）。但是，相对于污水设计处理能力来说，污水治理设施的运转效率并不高，通过在线监控和现场核查，进一步强化对工业企业污水治理设施的运行监管是“十二五”时期的一项重要任务。

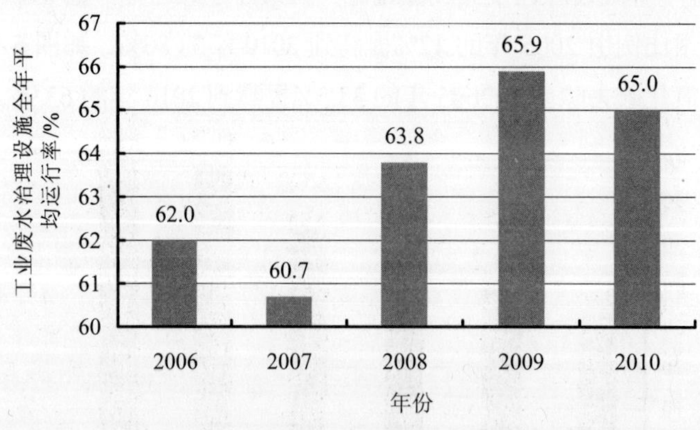

图 5-11 “十一五”时期工业废水治理设施全年平均运行率变化情况

（5）污水处理厂治理设施全年平均运行率

“十一五”期间，城市污水处理能力大幅提高，同时实行了污水收费提高到 0.80 元/t 和中央财政补助 40 万/km 污水管网等经济政策，使得工业废水治理设施和污水处理厂的全年平均运行率不断提高。如图 5-11 和图 5-12 所示，全国工业废水治理设施全年平均运行率由 2006 年的 62%提高到 2010 年的 65%；全国污水处理厂治理设施全年平均运行率基本呈现逐年上升趋势，由 2005 年的 66.6%提高到 2010 年的 72.3%，增长了 5.7 个百分点。

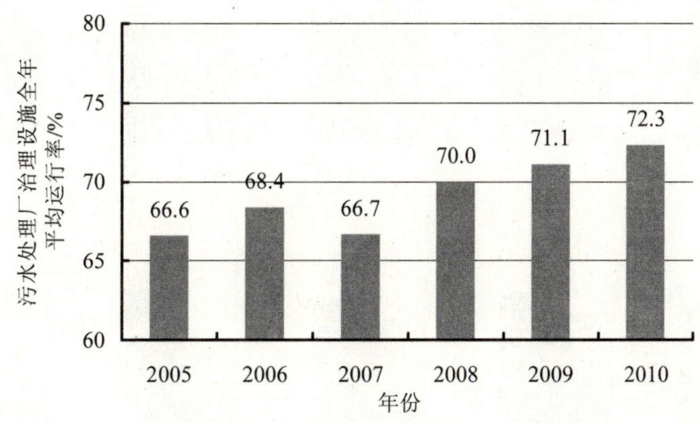

图 5-12 “十一五”时期污水处理厂治理设施全年平均运行率变化情况

（6）电力行业综合脱硫效率

“十一五”期间，燃煤电厂脱硫工程二氧化硫削减量占削减总量的 59.5%，占全部工程治理削减量的 88.5%，全国累计建成投运燃煤电厂脱硫设施 5.78 亿 kW（“十一五”期间增加 5.32 亿 kW）。同时环境经济政策方面，实行二氧化硫排污费提高 1 倍以及 1.5 分/kW·h 电脱硫电价等，进而提高了脱硫设施的运行率，强化了管理减排。如图 5-13 所示，全国电力行业综合脱硫效率大幅提高，由 2005 年的 18.3%提高到了 2010 年的 68.3%，增长了 3 倍多。

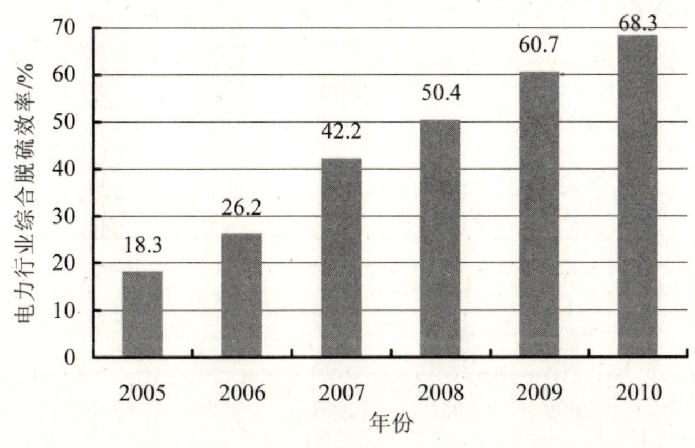

图 5-13 “十一五”时期电力行业综合脱硫效率变化情况

（7）淘汰落后产能数量

如图 5-14 所示，“十一五”期间，充分发挥污染减排倒逼机制作用，累计关停小火电机组 7 000 多 kW，提前一年半完成关闭 5 000 万 kW 的任务；淘汰落后炼铁产能 1.1 亿 t、炼钢 6 860 万 t、水泥 3.3 亿 t、焦炭 9 300 万 t、造纸 720 万 t、酒精 180 万 t、味精 30 万 t、玻璃 3 800 万重量箱。

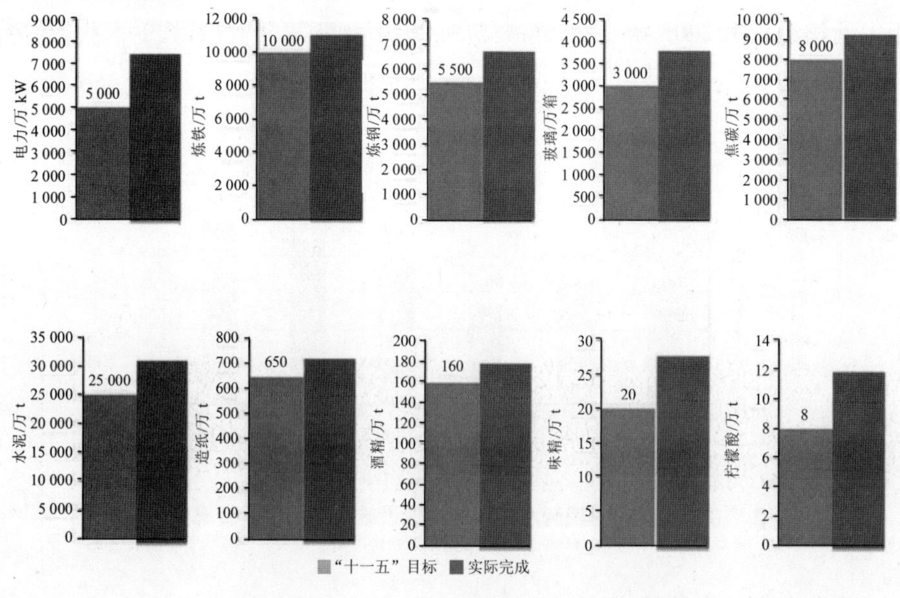

图 5-14 “十一五”时期淘汰落后产能情况

（8）国家重点监控企业在线监测设施稳定联网比例

“十一五”期间，环境监察标准化建设稳步推进，环境监测能力投入大幅度增加。中央财政安排 55.86 亿支持环境质量能力建设及国控源监督性监测。全国建成市级以上污染源监控中心 343 个，对 15 000 余家企业实施自动监控，各级财政及企业年投入运行经费 6.6 亿元；如图 5-15 所示，国家重点监控企业在线监测设施稳定联网比例显著提高，由 2005 年的 31.9%增长到 2010 年的 87.5%，提高了约 3 倍。

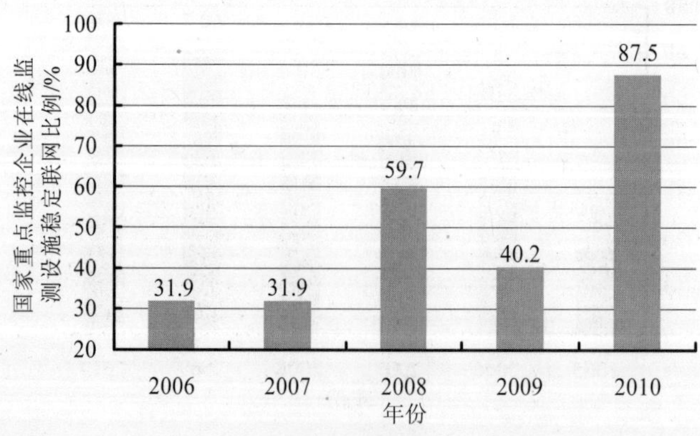

图 5-15 “十一五”时期国家重点监控企业在线监测设施稳定联网比例

（9）重点城市空气质量好于二级标准的天数超过 292 天的比例

“十一五”期间，由于减排政策效果显著，全国空气质量逐年提升。2010 年，全国 471 个县级及以上城市开展环境空气质量监测，监测项目为二氧化硫、二氧化氮和可吸入颗粒物。其中 3.6%的城市达到一级标准，79.2%的城市达到二级标准，15.5%的城市达到三级标准，1.7%的城市劣于三级标准。其中重点城市 2010 年空气质量好于二级标准的天数超过 292 天的比例达到了 73.5%（图 5-16），比 2006 年的 44.2%增加了 29.3 个百分点。城市空气质量，尤其是重点城市空气质量改善效果明显。

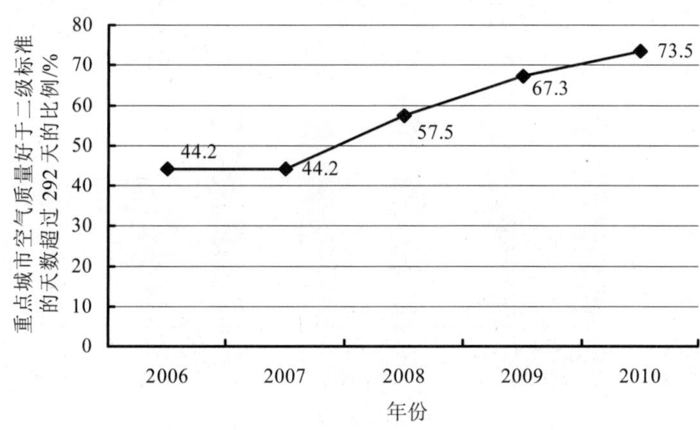

图 5-16　重点城市空气质量好于二级标准的天数超过 292 天的比例

（10）监测城市出现酸雨的城市个数比例

“十一五”末期，全国酸雨分布区域保持稳定，但酸雨污染仍较重。“十五”期间酸雨城市个数呈现逐年上涨趋势，“十一五”时期酸雨城市个数在“十五”的基础上稳中有降。监测城市出现酸雨的城市个数比例从 2006 年的 54%下降至 2010 年的 50.4%（图 5-17），表明酸雨情况在“十一五”末期略有下降，城市酸雨问题略见好转。

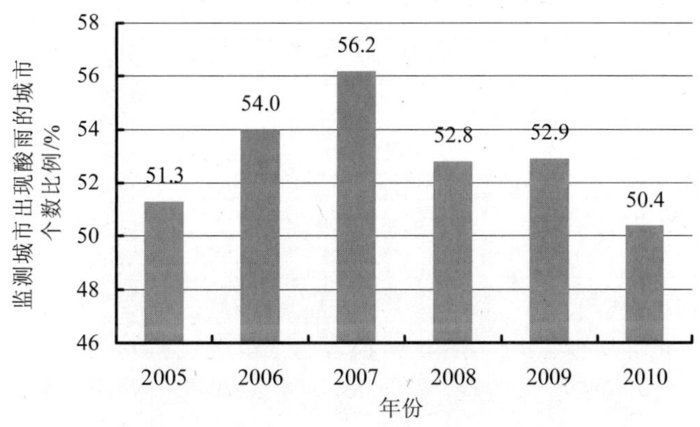

图 5-17　监测城市出现酸雨的城市个数比例

（11）地表水国控断面劣Ⅴ类水质比例

“十五”期间地表水污染问题未得到及时的防控，这一指标呈现上升趋势，到2006年达到高峰。“十一五”开始以来，尤其是自2007年开始该项指标迅速下降，从2006年的28%下降至2010年的16.4%（图5-18），“十一五”末期该项指标基本与2000年一致水平。2010年，长江、黄河、珠江、松花江、淮河、海河和辽河七大水系总体为轻度污染。204条河流409个地表水国控监测断面中，Ⅰ～Ⅲ类、Ⅳ～Ⅴ类和劣Ⅴ类水质的断面比例分别为59.9%、23.7%和16.4%。主要污染指标为高锰酸盐指数、五日生化需氧量和氨氮。其中，长江、珠江水质良好，松花江、淮河为轻度污染，黄河、辽河为中度污染，海河为重度污染。

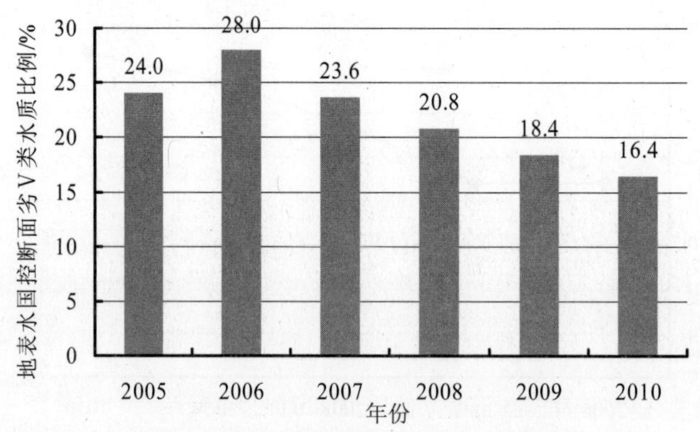

图5-18 地表水国控面劣Ⅴ类水质比例

（12）七大水系国控断面好于Ⅲ类的比例

七大水系国控断面好于Ⅲ类的比例在“十一五”期间有良好的表现。该指标在最近10年呈现了明显的“V”字形变化比例，“十五”期间该指标逐年下降，到2005年末仅有36%的国控水断面好于Ⅲ类水标准。“十一五”期间由于减排政策的有效实施和保障，该指标逐步上升，回升至“十五”开始时的水平，且上升率和下降率基本保持一致。2010年有近60%的国控水断面好于Ⅲ类水质（图5-19）。这一结果充分证明“十一五”期间减排政策对于七大国控水系的水质提高发挥了重要作用。

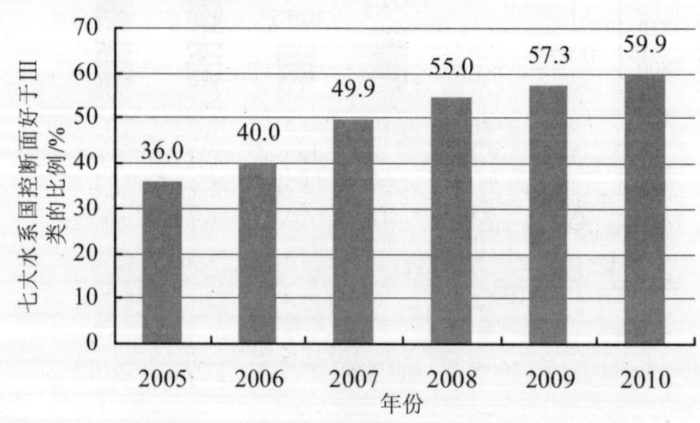

图5-19 七大水系国控断面好于Ⅲ类的比例

（13）公众对城市环境保护满意率

公众对城市环境保护满意程度反映了城市居民对于城市中基本环境元素质量的接受程度，从而间接反映城市居住环境质量水平。由于该指标 2005 年未纳入统计指标，因此只有“十一五”期间的统计结果可供参考。从“十一五”的趋势来看，公众对城市环境保护满意率基本上是稳中有升，满意率由2006年的72.11%上升至2010年的77.26%（图5-20），上升了 5.13 个百分点。表明受调查城市居民所在城市的环境质量在这一期间有所改善。

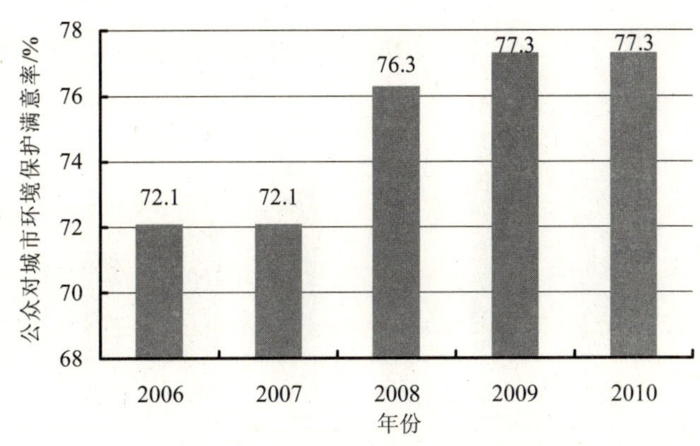

图 5-20　公众对城市环境保护满意率

（14）因大气污染造成的经济损失

该指标数据来源于环境保护部环境规划院环境经济核算结果。从“十一五”变化情况来看，大气污染造成的经济污染损失从 2006 年的 781 亿元上升到了 2010 年的 937 亿元（图5-21）。经济损失情况并没有随着污染物排放量的降低而下降，主要原因在于大气环境质量总体上尚未得到根本性改变，历史积累的污染欠账太多，污染治理投入仍显不足。

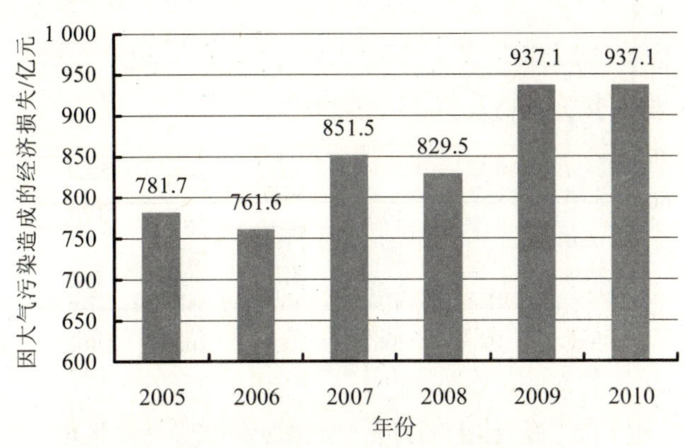

图 5-21　因大气污染造成的经济损失

（15）重污染行业万元工业增加值二氧化硫排放强度

“十一五”减排的主要对象是重污染行业，通过产业调整、优化区域工业布局、关闭落后产能等一系列强有力的行政措施的实施，既保证了工业经济的稳定发展，又降低了单位经济贡献的污染物排放。其中重污染行业万元工业增加值的二氧化硫排放强度从 2006 年的 6.9 kg/万元下降至 3.7 kg/万元（图 5-22），下降幅度接近 50%。这一指标充分体现了节能减排政策对于产业结构调整和经济构成转变所起到的重要作用。

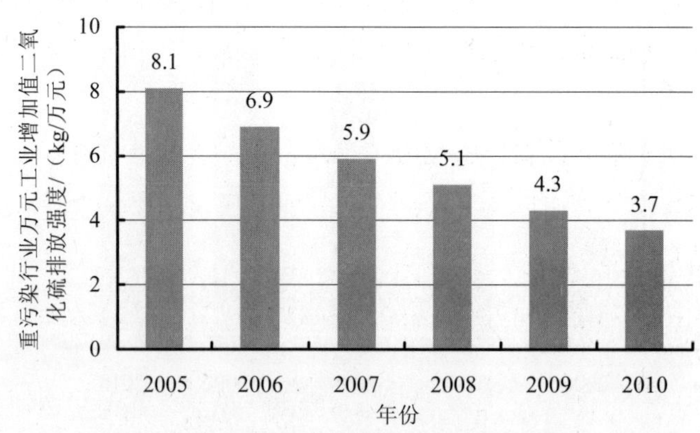

图 5-22 重污染行业万元工业增加值二氧化硫排放强度

（16）重污染行业万元工业增加值 COD 排放强度

重污染行业万元工业增加值的 COD 排放强度由 2006 年的 1.9 kg/万元下降至 0.6 kg/万元（图 5-23），下降幅度超过了 60%以上，减排效果明显。从该指标可以看出，工业 COD，尤其是重工业 COD 减排力度在“十一五”期间有非常有效的表现。

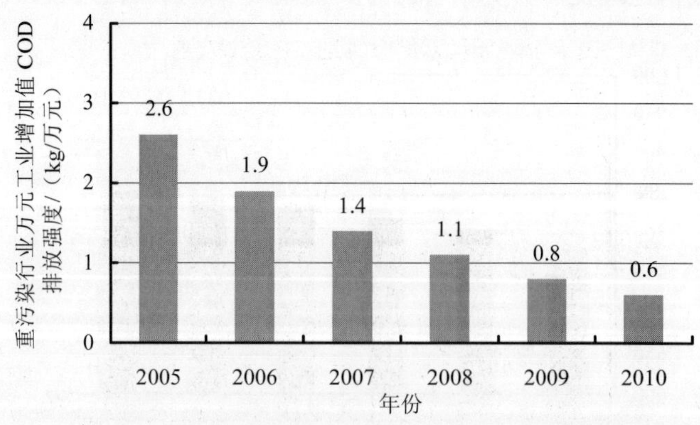

图 5-23 重污染行业万元工业增加值 COD 排放强度

5.4.6.4　敏感性分析

本研究对三级 19 个指标采用等权重分析，即认为这 19 个指标对于总体减排绩效指数计算来说同等重要。另外一种等权重方法是认为二级指标，即政府响应、排放压力、环境状态和综合影响四个均按照 25 分（满分为 100 分）平均分配权重，各三级指标则在此基础上平均分配权重。模拟结果见下：

可以看出，调整权重分配方法后，年度减排绩效指数逐渐增加的趋势没有改变，但调整后的指数值普遍高于调整前的指数值，说明第二种等权重方法相对减弱了三级指标数量对绩效指数计算的影响。

从调整后的指数结构看，改变等权重方法事实上是对指数结构进行了调整，调整后四大类指标受各自的三级指标数量的影响降低，调整前三级指标比较少的比如排放压力类指标的得分就会大大提升（见图 5-24、图 5-25）。

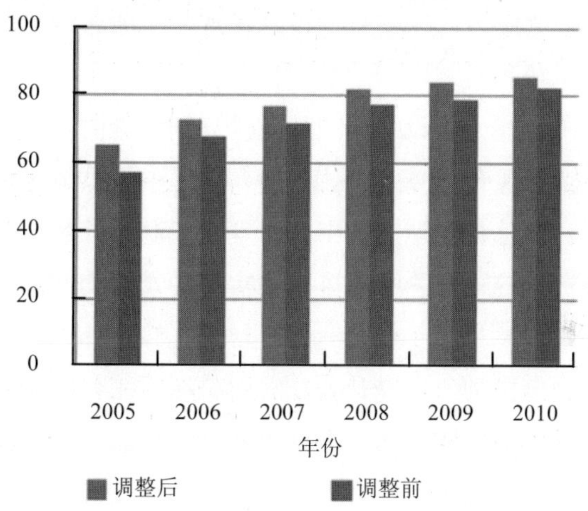

图 5-24　不同等权重方法下的绩效指数

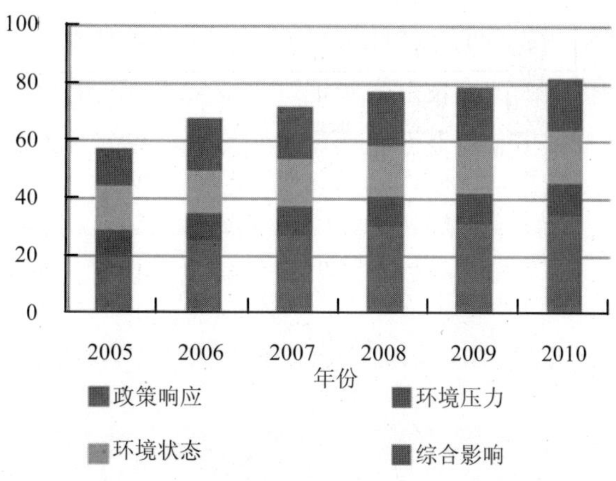

图 5-25　改变等权重分配方法后指数构成

5.4.7 政策建议

综合国家层面的绩效评估结果及试点省份建议，对下一步减排工作开展提出如下建议：

（1）要高度重视经济手段对于推动结构减排的促进作用。“十二五”工程减排的潜力有限，结构减排又涉及落后产能的淘汰和过剩产能的疏导。在淘汰落后产能方面，应进一步强化地方政府环境责任，通过体制机制和有效的立法与政策设计，使地方政府成为淘汰落后产能的主体；同时，应建立配套的补贴政策，综合应用财政、金融、税收和直接补贴等手段，化解社会矛盾。在过剩产能的疏导方面，地方政府应加强监管，防止污染转移。

（2）要强化企业环境责任。企业是污染减排的主体，应扭转现行以地方环保部门为减排主体的做法。首先，从立法上明确企业环境责任，造成环境污染不仅要求企业以全部资产为信托进行治理，同时也要追究相关部门尤其是银行的连带责任；其次，要加强企业环境信息的披露和公开，建议采取强制公开制度，要求企业自主公开其排污信息，接受社会监管；最后，要规范企业排污口在线监测设施管理，实施在线监测数据信息公开制度，确保污染治理设施正常运转和监测数据的准确性。

（3）要强化减排统计能力建设。这既是减排计划实施的基础，也是开展减排绩效评估的基础性工作。建议完善现有的减排统计制度，明确不同主体包括企业和各级环保部门在统计数据采集、上报、汇总和管理过程中的责任，提高统计数据质量。同时，强化对统计数据的应用，及时分析、归纳和总结减排规划实施中发现的问题，提高统计对减排的支撑性作用。

（4）要加大宣传力度，进一步提升公众对污染减排工作的理解和支持。宣传的重心不仅仅是要提高公众对环境问题的认识，更重要的是让公众了解自己的行为与环境问题的关联。通过编制图书、音像、宣传册等方式，加大对污染减排工作的宣传力度，增进公众对污染减排战略和措施的理解和支持。充分动员社会力量参与减排监督过程，提高减排政策的实施效果。

（5）要逐步构建消费领域的减排政策框架。污染治理的治本之策是让人类自觉调整自身的消费行为，消费需求的改变反过来又促进企业生产结构的调整。应以宣传教育手段为主体，通过绿色消费模式的倡导和示范，推动公众消费模式和消费结构的转型。

第 6 章　环境统计和管理重点分析

6.1　主要环境问题和管理重点

6.1.1　主要环境问题分析

社会经济快速发展、人口数量激增、能源消耗量大且结构不尽合理、水资源短缺、机动车增长过速等问题的不断涌现，导致环境污染呈现多种来源综合作用和城市群污染区域化特点，成为改善环境质量的瓶颈。

以北京市为例，经过多年的污染治理，空气质量不断改善，主要污染物减排工作也取得一定成绩。2008 年“绿色奥运”盛会的成功举办，得到了国际的广泛认可，但环境问题仍然突出。从环境管理的微观视角和宏观环境要素进行分析，地区的环境问题一般表现为以下几方面：

（1）人口基数和增量大，驱动“消费型污染”；人口和“三产”布局在城市中心区域过于集中，严重影响城市水环境质量。

2011 年末，全国大陆总人口为 134 735 万，其中城镇 69 079 万，占 51.27%；城镇人口比 2010 年增加了 2 521 万。北京市常住人口为 2 018.6 万，其中城镇人口 1 741 万，比 2010 年增加 55 万；常住外来人口 742.2 万人。人口数量的剧增，引发了一系列“消费型”污染，如能源消耗、水资源消耗增加，生活污水和垃圾产生量、机动车保有量增加等，对城市环境质量和环境基础建设造成了巨大的压力。例如，2011 年，北京市新增污水处理厂削减量的 40%～60%用于抵消人口增加造成的增加量，即大约 1/2 的新增削减量须用于削减“存量”。

北京市人口增加主要分布在城市中心区，过度集中的人口和“三产”直接导致了城市中心区生活污水排放量占全市的 72%，造成流经市区的北运河系水污染严重。

（2）传统工业污染、农业养殖污染叠加，城市污水处理厂、垃圾处理场集中。

随着工业污染源“退二进三”的产业结构和空间布局结构调整、城市集约化养殖业与种植业的发展、污水处理厂、生活垃圾处理场等环境基础设施的建设，城市中心区外围分布的工业污染源、农业污染源和集中式污染治理设施等，对区域大气和水环境质量冲击较大。

根据环境质量监测以及 2007 年污染源普查结果，北京市城市中心区外围是大气污染颗粒物、二氧化硫等排放量最大、空气中 PM_{10} 污染物浓度最高的区域。这些地区也是北京市能源消费量最大、结构不尽合理的地区，煤炭消费量占全市的 80%，“煤烟型污染”特征还很突出。农业源畜禽养殖粪便、养殖废水以及种植业化肥、农药等面源污染问题突出。环境基础设施的二次污染问题，如污水处理厂污泥、垃圾场渗滤液、焚烧废气的排放，叠加在传统的工业污染问题上，在这些地区交织存在。

（3）机动车数量多、增长快、污染排放量大，造成传统煤烟型和汽车尾气型相叠加的复合型大气污染。

截至 2011 年年底，北京市机动车保有量共计 492.41 万辆，比 2009 年增加 23.42 万辆。机动车氮氧化物排放量占全市氮氧化物排放总量的 45.4%。NO_x 污染问题在城市中心区和城市主要路网比较突出。

环境监测数据表明，1998 年以来空气中 SO_2 和 PM_{10} 浓度呈显著下降趋势，说明了煤烟型大气污染治理效果显著；但是 NO_x 浓度没有出现显著的下降，近年还出现缓慢升高趋势，这与机动车排放的贡献有着密不可分的关系。

北京市大气污染已经从原来传统的“煤烟型”变化为煤烟与汽车尾气的“复合型”，加大了环境管理的难度。

（4）大气中颗粒物污染来源复杂，除了控制本地来源，还需要研究跨界污染，借助城市群污染宏观环境管理手段。

根据研究性监测结果，北京市大气细颗粒物的年平均浓度超过国家标准值。环境中的细颗粒物可以分为一次污染物和二次污染物：一次污染物是直接排放的细颗粒物，二次污染物是指前体物经由大气化学过程产生的颗粒物。一次污染物主要来自本地人为源和区域输送，其中本地人为源包括机动车尾气、燃煤废气、工业粉尘、建筑扬尘等，区域输送主要是指周边/上游省市区的人为排放，经过大气环流输送到某一地区，包括了一次颗粒物及二次颗粒物的前体物。治理大气细颗粒物污染实质是对 SO_2、NO_x、VOCs 等大气多种污染物的综合治理。

京津冀地区城市群污染问题，以及长三角、珠三角地区的城市群污染问题的存在，已经得到了观测证明和广泛关注。由于颗粒物污染的复杂性，其化学转化机理研究尚在进行中，尚难以说清控制当地污染源排放对于改善大气环境的有效程度，因此还需要进一步加强对北京地区细颗粒物的形成、传输规律进行研究，并且借助国家区域污染管理的政策和措施，实现当地环境质量的彻底改善。

6.1.2 环境管理重点分析

环境问题是社会、经济发展综合作用的产物。环境管理是环境保护部门运用行政、经济、法律、教育和科技等手段，研究和解决环境问题，协调经济发展与环境保护的关系，逐步达到可持续发展的战略目标。环境管理以预防和治理环境污染、维护生态平衡为目标，关键在于确定管理内容和具体措施。

识别和确定环境管理的重点内容需要从主要环境问题出发，对环境统计数据进行分析，发现环境管理的切入点。2007 年开展的全国第一次污染源普查，是专门针对环境保护需求的部门统计调查，北京市获取了辖区内 18 475 个工业源、14 845 个农业源、37 386 个生活源、156 个集中式污染治理设施的详细的污染产生与排放相关信息。根据这些信息，可以深入分析与研究北京市的环境问题，确定环境管理的重点内容。

以下从工业污染源、机动车污染源和生活污染源等方面，逐一分析该领域内环境管理的重点，探索环境问题的解决途径。

6.1.2.1　工业污染源管理重点

经过多年的结构调整，北京市污染物产生与排放量较大的企业集中在电力与热力、非金属建材、汽车制造、化学工业、通信电子、农副产品制造、食品制造、饮料制造等工业行业，一些重点污染行业如造纸、钢铁企业等数量较少，且已经退出了主要产污环节或者工艺：造纸行业的化学浆和化机浆制浆生产过程，钢铁行业的炼铁生产过程。由电子类、机电类、交通类、医药类和其他类等 14 个行业大类所组成的“现代制造业”企业数量占北京市工业企业的 13.9%，工业总产值占 45.6%。北京市工业污染物排放在区域总量中的比例低于全国平均水平。

但是，从工业能源消耗仍以煤为主、工业污染集中在城市中心区外围、大气细颗粒物治理形势紧迫等环境现状来看，分析工业源“煤烟型”污染特征、指出颗粒物污染源管理的重点领域十分必要。

例 1：颗粒物排放控制

将环境统计范围中的烟尘、工业粉尘和机动车排放的总颗粒物称为“颗粒物”。

2007 年，北京市共排放颗粒物 89 806 t，其中工业源烟尘和粉尘 58 464 t，生活源（“三产”、集中供热和居民生活）烟尘 23 632 t，机动车尾气排放的颗粒物 7 688 t，集中式排放的烟尘 11 t。工业源、生活源和机动车的贡献率分别为 65.1%、26.3%和 8.6%，集中式贡献不足 0.1%。工业源仍是北京市最主要的颗粒物排放源。工业源主要行业、生活源和机动车的颗粒物排放量对比见图 6-1。图中将“三产”和集中供热合并，生活源烟尘分为城镇居民生活排放和锅炉排放两种类别。

图中所示各种来源的颗粒物排放量合计 84 132 t，占北京市总排放量的 93.7%。其中，非金属建材行业排放量高居首位，排放量约占北京市总量的 1/4，其烟尘和粉尘排放均居首位。电力热力行业居第三位，但是若与生活源锅炉合并计算锅炉排放，则全市锅炉燃烧排放的颗粒物为 21 884 t，居第一位。居民生活排放量位居第二位，黑色冶金行业位居第四位，机动车尾气颗粒物排放量超过了交通设备制造、通用设备制造和化学工业，位居第五位。

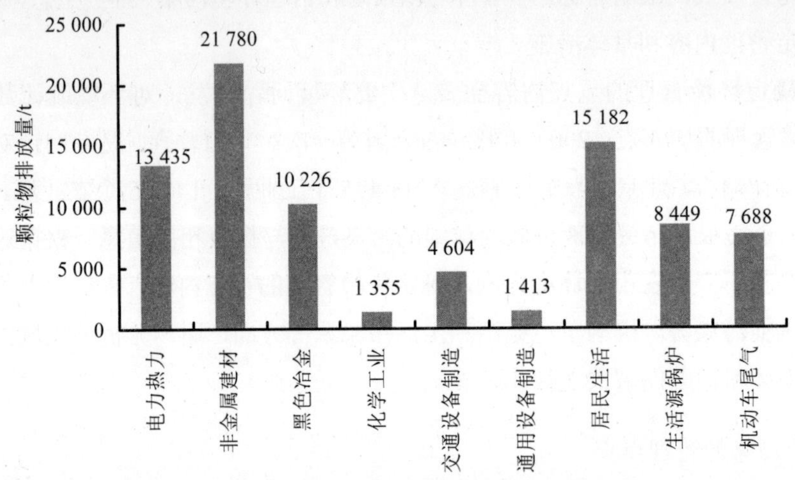

图 6-1　2007 年北京市颗粒物主要排放源及其排放量

因此，颗粒物排放控制需要做到：首先，要着眼于工业和采暖锅炉排放、非金属建材行业窑炉和工艺过程排放，尤其是生活源燃煤锅炉，污染物去除效率还存在进一步提升的空间；其次，要对居民生活散烧煤严格治理；最后，须控制与机动车有关的颗粒物排放。一方面，普查只包含尾气部分，如果考虑道路扬尘，机动车对于大气颗粒物的贡献应高于 8.6%；另一方面，机动车尾气排放的颗粒物粒径小，含有害化学成分，排放贴近地面，其健康危害更大。

根据颗粒物排放量的空间分布，可以确定环境管理的重点区域。将 2007 年污染源普查的工业源、生活源颗粒物排放数据，按照行政单元——街乡汇总，并通过地理信息系统（GIS）展示颗粒物排放空间分布情况，见图 6-2。受调查数据空间分辨率限制，未包含居民生活、机动车排放。

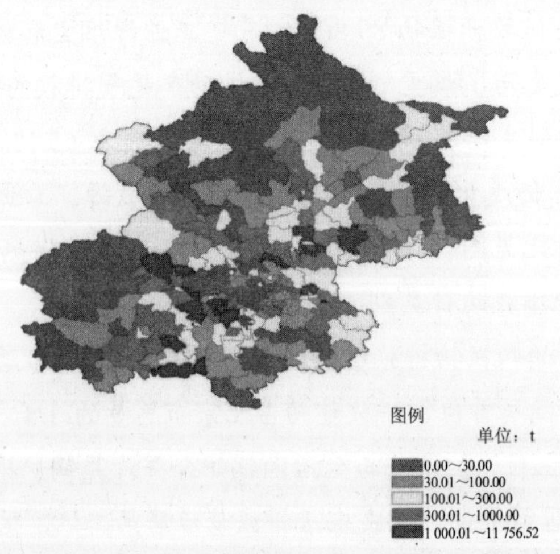

图 6-2　2007 年工业源和生活源颗粒物排放量的空间分布

由图可见，颗粒物排放量的空间分布总体上呈中心低、四周高、外围又降低的环状，高值分别向西南、东南、东北和西北四个方向延伸。

空气中颗粒物浓度是影响北京市空气质量的首要因素。根据环境监测结果，北京市西南部房山—丰台一带 PM_{10} 浓度为全市最高；此外，城市中心区外围的发展新区空气中 PM_{10} 浓度也偏高。环境中颗粒物的浓度与污染源颗粒物的排放空间结构特征完全吻合，如图 6-2 中第四、第五级分级所示污染源排放量较大的街乡范围。污染源颗粒物排放量的空间分布也与利用 MODIS 卫星遥感资料反演的不利扩散的气象条件下，北京市环境大气颗粒物浓度呈“厂”字型的结构相吻合。

这种空间分布是多年来大气污染治理的结果。全市推行了低硫、低灰分优质煤，城市中心改用电、天然气等清洁能源，锅炉配备了高效的除尘设施，从整体上控制了颗粒物排放，使排放量只集中在某些地区的一些行业。这些地区、行业正是颗粒物排放管理的重点。

根据颗粒物排放源特征与分布，《北京市 2012—2020 年大气污染治理措施》提出：一是“优化能源结构，构建气、电为主的能源体系”，大力削减燃煤量，关停电厂燃煤机组，将城六区建成无煤区，在燃气管线基础设施好的郊区县，实施燃煤锅炉清洁能源改造；二是继续调整产业结构，深化工业污染治理。制订发布符合首都城市功能定位的高污染工业行业调整、生产工艺和设备退出目录，禁止新建、扩建炼油、石化、水泥、钢铁、铸造、建材等高污染、高耗能产业。除保留部分先进技术的水泥产能，协同处置北京市的危险废物并保证应急抢险工程的水泥供应外，其余水泥厂应全部关停退出。

例 2：城市中心区外围污染防治设施管理

2007 年全国污染源普查数据表明，北京市当年燃煤锅炉共计 6 100 台，其中工业源和生活源锅炉的数量大约各占 1/2。其中，7 kW 以上（以下称“大型锅炉”）1 112 台，占燃煤锅炉总数的 18.2%，7 kW 以下的小型燃煤锅炉占 81.8%。燃煤锅炉区域分布见表 6-1。

表 6-1　北京市燃煤锅炉区域分布

城市功能区	燃煤锅炉数/台	占全市比例/%	工业源/%	生活源/%	≥7 MW/%
核心区	12	0.2	100.0	0.0	100.0
拓展区	1 021	16.7	48.1	51.9	32.4
新区	3 319	54.4	48.3	51.7	15.2
涵养区	1 748	28.7	55.7	44.3	15.0
合计	6 100	100	100.0	0.0	18.2

由表 6-1 可知，核心区和拓展区燃煤锅炉中大型锅炉比例较大，核心区为 100%，拓展区近 1/3；新区和涵养区大型锅炉比例较小，约为 15%。新区、涵养区以及拓展区有 600～2 800 台小型燃煤锅炉，应通过集中供热、改变燃料类型削减其污染排放。

2007 年北京市共有工业窑炉 561 座，主要分布在房山、丰台、通州、石景山、昌平和门头沟，即城市中心区外围。窑炉的行业分布集中在非金属矿物制品制造行业，共有窑炉203座，占全市总数的1/3，主要是水泥窑、砖瓦窑和石灰窑。上述区县较多的窑炉也属于非金属矿物行业。

其中，燃煤窑炉207座，配有废气治理设施的95座，无设施112座，未安装污染治理设施的窑炉达到半数以上。窑炉耗煤量较大，一般无废气治理设施，如砖瓦窑、石灰窑、钢铁加热炉，对大气环境影响较大。

综上所述，城市中心区外围7 MW以下燃煤锅炉改集中供热、加强燃煤锅炉窑炉的设施管理，加大监督监测力度，是降低颗粒物排放重要的管理内容和措施。

6.1.2.2 机动车污染源排放管理

2007年北京市氮氧化物排放总量共计20.71万t，其中工业源9.02万t，生活源1.80万t，机动车尾气9.88万t，集中式58 t。对于NO_x排放总量的贡献率分别为：工业源43.6%，生活源8.7%，机动车尾气47.7%，集中式低于0.1%。

图6-3为电力热力、非金属矿物、黑色冶金以及化学工业、饮料制造五大工业行业，机动车尾气、城镇居民生活、生活源锅炉的NO_x排放量对比情况。为了方便显示，机动车排放量以其1/2绘制。

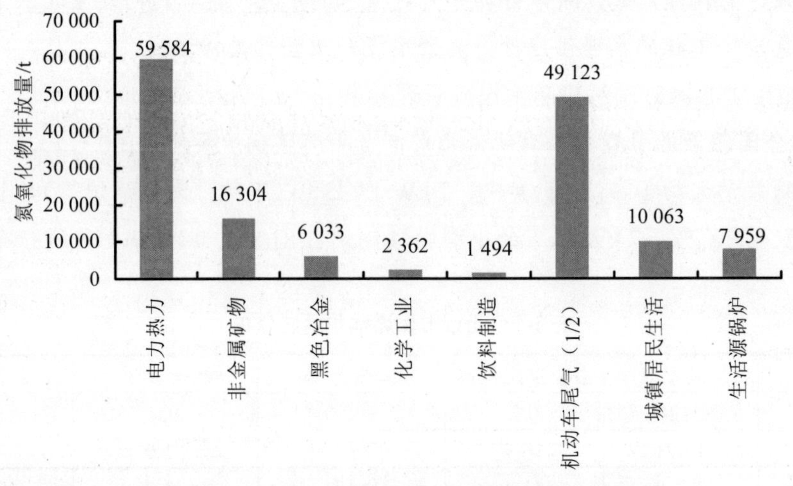

图6-3 2007年北京市NO_x主要排放源及排放量

图中5个工业行业、机动车尾气和生活源总计排放NO_x 202 645 t，占全市总排放量的97%。机动车尾气是北京市NO_x第一大来源，电力热力位居第二位。二者排放量皆远高于其他来源，NO_x排放总量的削减需要从这两类污染源抓起。2008年起，北京市开始推广电厂脱硝设施，工业源NO_x的比例将有所下降。同时，也同步研究制定机动车尾气NO_x管理政策，有效减少NO_x的排放量。

例 1：单车排放与分车型排放总量分析

2007 年年底，全市机动车保有量为 296.82 万辆，其中，载客汽车共计 251.33 万辆，载货汽车 17.2 万辆，“三低”汽车 4.39 万辆，摩托车 23.91 万辆。根据此次污染源普查机动车排污系数，计算得到单车排放量，见表 6-2。

表 6-2　2007 年各类机动车的单车排放量

单位：kg/辆

类型	总颗粒物	NO_x	CO	碳氢化合物
微型载客汽车	0.00	1.44	73.33	8.60
小型载客汽车	0.001	1.60	89.12	9.28
中型载客汽车	0.73	20.99	10.77	2.16
大型载客汽车	16.68	359.86	233.72	51.92
微型载货汽车	0.00	0.00	0.00	0.00
轻型载货汽车	1.78	10.99	175.23	17.35
中型载货汽车	6.38	182.06	94.01	18.70
重型载货汽车	20.43	418.56	239.07	50.24
三轮汽车	2.82	45.23	15.26	17.46
低速载货汽车	3.11	49.11	16.7	18.95
普通摩托车	0	0.39	39.88	3.91
轻便摩托车	0	0.23	26.37	10.88
合计	0.35	8.73	85.83	9.43

如表 6-2 所示，从单车排放量来看，重点控制的车型应该是：重型载货汽车、大型载客汽车、中型载货汽车以及轻型载货汽车。这四种车型各种污染物的单车排放量都较高。

从各类车型的总排放量（表 6-3）来看，2007 年机动车排放总颗粒物中约 59%来自载货汽车排放，尤其是重型载货汽车（排放量占总量的 44.4%）；其余 40%基本上为载客汽车排放，尤其是大型载客汽车（占 37.5%）。64.9%的氮氧化物排放来自载客汽车，小型、中型和大型载客汽车排放比例均超过 13%；载货汽车排放占 32.8%，其中中型和重型载货汽车排放比例超过 10%。

表 6-3　北京市 2007 年机动车污染物排放情况

类型	登记数/辆	总颗粒物		氮氧化物	
		排放量/t	比例/%	排放量/t	比例/%
载客汽车	2 513 312	3 020.75	39.3	64 129.89	64.9
微型汽车	208 267	0.00	0.0	3 350.09	3.4
小型汽车	2 158 030	3.24	0.0	18 566.01	18.8
中型汽车	107 464	135.81	1.8	12 908.97	13.1
大型汽车	39 551	2 881.70	37.5	29 304.83	29.6
载货汽车	171 957	4 532.17	58.9	32 446.77	32.8
微型汽车	52	0.05	0.0	0.81	0.0
轻型汽车	115 630	612.58	8.0	3 555.89	3.6
中型汽车	33 671	504.41	6.6	10 493.11	10.6
重型汽车	22 604	3 415.13	44.4	18 396.95	18.6

类型	登记数/辆	总颗粒物		氮氧化物	
		排放量/t	比例/%	排放量/t	比例/%
三低汽车	43 857	135.51	1.8	2 140.57	2.2
三轮汽车	3 397	9.59	0.1	153.65	0.2
低速载货汽车	40 460	125.92	1.6	1 986.92	2.0
摩托车	239 077	0.00	0.0	127.02	0.1
普通摩托车	193 020	0.00	0.0	104.13	0.1
轻便摩托车	46 057	0.00	0.0	22.90	0.0
合计	2 968 203	7 688.43	100.0	98 844.25	100.0

北京市机动车数量最多的种类是载客汽车（251.33 万辆，占 84.7%），尽管载客汽车的单车排放量除了大型载客汽车外都不高（表 6-2），但是排放污染物的总量，尤其是氮氧化物、CO 和碳氢化合物，排放比例达到 60%～85%。所以，降低载客汽车的污染物单车排放量以及控制其数量对于降低总排放量非常重要。

此外，虽然载货汽车保有量（17.20 万辆）只占 5.8%，但是其污染物排放比例在 14%～59%，所以要继续控制并降低载货汽车的颗粒物等污染物的排放。

基于以上污染源普查调查结果，《北京市 2012—2020 年大气污染治理措施》提出将控制机动车过快增长，实施机动车总量控制：一是有效控制新增机动车污染，加快淘汰高排放老旧机动车；二是加强在用车污染控制；三是不断提高新车准入标准，2012 年实施机动车排放国Ⅴ新标准，力争与国际接轨，2016 年拟实施国Ⅵ排放标准，并配套供应相应标准的油品。通过继续实施机动车尾号限行、老旧高排放车区域限行、征收机动车排污费等手段，控制在用车使用强度；开展对在用车，特别是外埠进京大型运输车的监管；严格在用车排放定期检测管理，确保在用车达标排放。

6.1.2.3 生活污染源管理重点

2007 年，在对全国污染源进行普查时，因生活源调查范围主要是餐饮、美容、理发等行业，产生和排放的污染物主要为废水。废水排放去向主要分为两大类，即污水直接排向环境水体和排入污水处理厂。2007 年，全市生活源废水排放量共计 8.18 亿 t，其中排入污水处理厂的废水为 7.06 亿 t，占 86.3%；其他 1.12 亿 t 直接排向环境水体或经城市下水道再排入河、库、湖等环境水体，占 13.7%。进入污水处理厂的废水，需要掌握其处理情况，评估县区废水处理设施与废水产生量的匹配关系；直接排入环境的废水，虽然总量不大，但因多种污染物浓度较高且对环境水体有直接影响，是监管的重点，需要了解其排放量以及空间分布、纳管的可能性。因此，以下分“废水治理工程潜力”和“废水直排管理重点区域”两个专题，讨论针对环境问题的环境管理重点分析方法，管理涉及的主要污染源是生活源。

（1）专题一：废水治理工程的潜力分析

具体方法是对比分析废水产生量与处理能力的匹配程度。按照属地管理原则，分析各行政区划单元（县、区）废水（主要是生活污水）的产生量与处理能力，确定处理能力是否满足需求。步骤如下：

计算域内废水产生量：

$$生活污水产生量=城镇常住人口数\times产污系数\times10^{-6}$$

其中，生活污水产生量的单位为 t，城镇常住人口数的单位为人，产污系数的单位为 g/（人·a）。

工业废水排放量=$\sum_{i=1}^{n}$ 企业废水排放量，域内 n 个工业企业废水排放量之和。

计算域内废水处理量：

废水处理量=$\sum_{i=1}^{n}$ 废水处理量是域内 n 个污水处理厂实际处理量之和，单位为 t。

计算废水处理率：

污水处理率=（生活污水产生量+工业废水排放量）/污水处理量×100%

代表域内产生的生活污水量与已经建成的污水处理厂实际处理量的匹配程度。

计算能力日产差：

日产废水量=废水产生量/365，单位为万 t/d。

处理能力是指域内污水处理厂设计处理能力之和。处理能力与日产废水之差量表示居民生活污水得到处理的可能性大小。差值为正表示能力充足，不须新建污水处理厂，应在建设截污管网方面采取措施以进一步提高污水处理率；差值为负表示现有污水处理厂能力不足，若要提高处理率需要新建污水处理工程。

综合分析处理率和能力日产差值，如果实际处理率较高，说明污水处理厂实际运行效率较高，可以较好地满足废水处理的实际需求；如果日产能力差不为负值，则说明可以通过建设截污管网进一步收集处理未纳管污水，以提高处理率；如果处理率低，而日产能力差也较低，说明需要新建、扩建污水处理厂以提高处理能力和实际处理量；如果处理率低，但是能力日产差较大，说明应该加强污水纳管管理，建设截污管网。

2007 年，北京市远郊各区县污水处理厂实际处理量、处理能力与污水产生量的对比结果见表 6-4。

表 6-4　2007 年北京市远郊区县污水产生与处理情况

序号	区县	产生量/万 t	处理量/万 t	处理率	日产量/（万 t/d）	处理能力/（万 t/d）	能力—日产/（万 t/d）
1	门头沟	1 485.53	481.26	32.4%	4.07	4.05	−0.02
2	房山	5 078.07	2 972.25	58.5%	13.91	12.52	−1.39
3	通州	4 237.51	1 978.15	46.7%	11.61	11.90	0.29
4	顺义	4 684.51	2 358.17	50.3%	12.83	18.06	5.23
5	昌平	4 267.34	1 765.99	41.4%	11.69	9.19	−2.50
6	大兴	5 766.18	3 652.38	63.3%	15.80	14.50	−1.30
7	怀柔	1 607.52	1 399.48	87.1%	4.40	7.90	3.50

序号	区县	产生量/万 t	处理量/万 t	处理率	日产量/（万 t/d）	处理能力/（万 t/d）	能力—日产/（万 t/d）
8	平谷	1 512.88	1 239.33	81.9%	4.14	4.00	−0.14
9	密云	1 297.82	927.25	71.4%	3.56	6.06	2.50
10	延庆	832.66	747.95	89.8%	2.28	3.74	1.46

可见，远郊区县废水处理率都没有达到 100%。相对而言，处理率较高的是密云、延庆和怀柔，均大于 80%，其他 7 个区县污水处理率都较低。进一步对此能力日产差发现，门头沟、房山、大兴、昌平和平谷，以及通州数值皆为负值，说明处理能力不足，需要新建、扩建污水处理厂，增加污水处理能力，提高废水处理率。从废水处理能力和日产量的差值分析，顺义、怀柔、密云和延庆差值较大，但是污水处理率没有达到 100%，应该在建设截污管网方面采取措施。

（2）专题二：废水直排管理的重点区域

按照排水去向，分流域、河段汇总工业源、生活源和污水处理厂直接排放到该流域、河段的污染物量，计算流域、河段污染物的总受纳量以及各类来源所占的比例，由此发现主要排放源，找出管理和控制的重点领域。按照流域为单元汇总统计水系污染物受纳量及其比例，指出河道水质的主要影响因素和管理重点。

步骤如下：

①计算某河段受纳的工业废水 COD 直排量；

②计算污水处理厂对该河段的 COD 排放量；

③计算生活源八个行业（“三产”）直排对该河段的 COD 排放量；

④计算该河段流域内居民生活污水未纳入污水处理厂的 COD 产生量；

⑤计算该河段 COD 受纳总量，以及各类来源排放量所占比例。

以下是北京市北运河系不达标河段 COD 来源分析的例子。

如图 6-4 所示，与北京市水体规划的目标类别相比，北运河系不达标河段众多。河段超标污染物主要为 COD_{Cr}。表 6-5 为各主要河段 COD 受纳总量和来源比例。

表 6-5 北运河系主要河段化学需氧量来源及比例

水系/河段		来源占比/%				合计受纳量/t
		工业	污水厂	三产	城镇居民	
北运河系	北运河（通州）	6	1	11	83	7 285.04
	温榆河	7	6	40	47	15 164.25
	清河下段	0	94	6	0	7 814.02
	小中河	1	12	9	77	5 829.81
	坝河	4	79	18	0	4 533.90
	凉水河	6	69	21	4	18 157.30
	通惠河下段	4	74	22	0	6 888.87
	凤河及其他	8	13	17	62	5 001.78
	合计	5	44	21	30	70 674.98

图 6-4　2010 年北京市地表水达标情况

可见上述河段的 COD 来源分为两种：一种是主要来自生活源，生活源又分为城镇居民生活排放和“三产”直排；另一种是主要来自污水处理厂排放，此外“三产”直排也占相当比例。

第一种情况如北运河（通州）段、温榆河、小中河和风河。这些河段 COD 两类来源中生活源占绝对主导，COD 排放量所占比例不小于 80%，而且以居民生活污水排放为主。说明生活污水缺乏有效的收集处理，已经成为影响水质的最主要污染源，管理上需要加快生活污水的收集和处理，新增污水处理厂、建设截污管网，通过工程措施实现减排。

第二种情况如清河、坝河、凉水河和通惠河。这些河段 COD 的主要来源是污水处理厂排放，COD 排放量中污水处理厂占 69%～94%，“三产”直接排放占 6%～22%，工业源贡献较小。这些河段都有数座城镇污水处理厂废水排入，由于污水处理厂排放量大，对河段水质造成了较大的影响。而污水处理厂 COD 排放标准（III～V 类水体 60 mg/L）高于地表水环境质量评价标准（III～V 类水体 20 mg/L、30 mg/L、40 mg/L），因此应该考虑提高污水处理厂排放标准，按照水质评价标准达标排放，以减少河段受纳量，提高河道水质。此外，需要建设截污管网，使“三产”单位污水进入污水处理厂进行治理，避免直接外排。无论在上述哪种情况下，工业源废水直排都需要加强监管，确保达标排放。

北京市水污染问题分析表明：①污水处理厂是水环境管理的重点；②加强管网建设，提高收集率，减少直排；③在部分流域增建污水处理厂和提高处理率的基础上，加强监管。

6.2 环境统计重点对象分析

6.2.1 结合管理重点识别统计对象

环境统计是用数字反映并计量人类活动引起的环境变化和环境变化对人类的影响。它通过大量环境数据，反映环境发展变化的规律和原因，是政府部门制定环境政策和环境规划、预测环境资源承载能力等的重要依据。

环境统计与环境管理有着密切的关系。一方面，环境统计作为庞大的环境信息系统，为环境管理服务，及时提供事前决策支持、事后环境政策效果分析评价的依据，是现代环境管理必不可少的工具；另一方面，环境管理的目标和主要内容也决定了环境统计的重点方面，环境统计可以覆盖大气环境、水环境、土壤环境、物理环境等内容，但是为了更好地服务于环境管理，统计的重点内容必须围绕当前环境管理的重点工作开展。

国家“十二五”环境统计制度内容，以污染物的产生、治理、排放为主线，分为工业源、生活源、农业源、机动车以及集中式污染治理设施五个方面的内容，其中农业源和机动车为新增加内容。为进一步做好主要污染物排放总量控制工作，“十二五”期间的环境统计增加了污染物产生与排放量较大的火电、钢铁、纺织、造纸等重点工业行业的调查内容，以行业污染产生设施为单元详细调查了能源消耗、水资源消耗、污染治理设施、污染物排放等相关情况，直接为这些行业制定减排政策措施、监督与评估政策效果提供数据支持。

环境统计名录库筛选的必要性

环境统计内容要服务于管理需求，环境统计的重点调查对象同样也是为满足管理需求而确定。广义上讲，每个产生和排放污染物的单位都应为环境统计的调查对象，然而受时间、人力、物力和可操作性限制，统计调查的对象必须界定在一个明确的范围之内，即筛选一部分代表性强、对于实现目标起关键作用的对象，即统计名录库，这就是样本与总体的关系。界定的重要依据是环境管理目标和重点内容。

“十二五”开始，环境统计以2007年第一次全国污染源普查结果作为基础名录库，即“十二五”环境统计对象的总体。名录库中包含了所有工业企业、生活源中规模以上住宿餐饮业、居民服务业、医院、供热锅炉以及城镇居民生活，农业源的种植业、规模以上畜禽养殖、水产养殖，所有的污水处理厂、垃圾处理场、危险废物处置场、医疗废物处置场等各种类型的废气、废水、固体废物污染源。名录库中数据涉及以上调查对象的识别信息、属性信息等社会经济数据以及各类污染信息，如生产活动、污染产生与治理设施情况，废气、废水、固废污染物的产生、削减、排放等信息。总之，基础名录库为环境统计名录库筛选提供了坚实的基础。

基于 2007 年污染源普查，北京市总体数据名录库包含了 38 个国民经济大类行业的 18 475 个企业的工业源，其中，废水污染源有 7 746 个，废气污染源有 4 148 个，固废污染源有 8 113 个，危废污染源有 1 702 个。基于不同的管理目的，提取到的污染源数量不同且具有不同的行业组成特点。各类污染物排放量的大户行业构成差别较大，图 6-5 为水污染和大气污染物排放量行业占比情况，以 COD 和 SO_2 为例。COD 排放量中，饮料、石

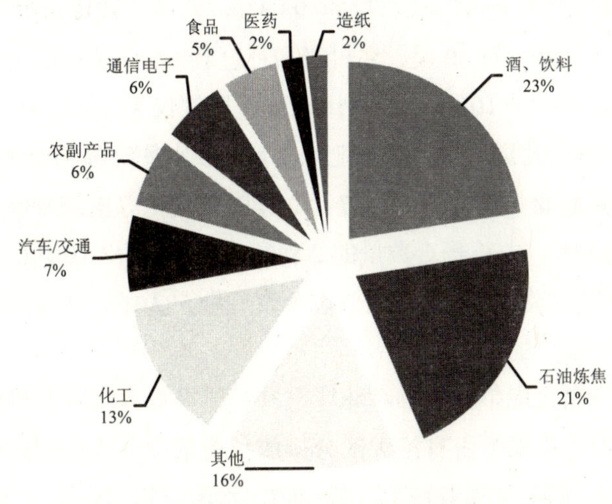

2007 年北京市 COD 排放行业构成

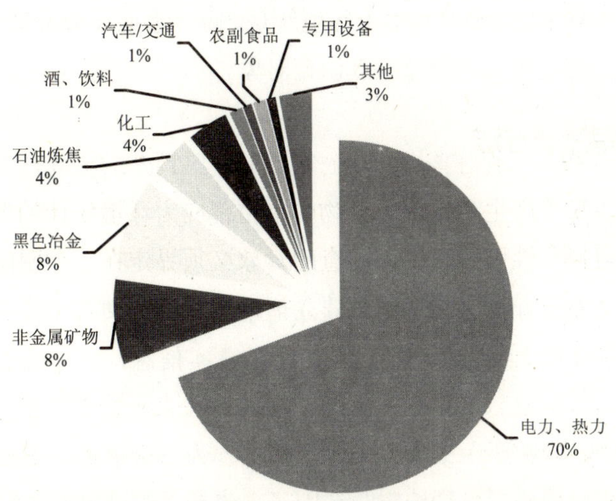

2007 年北京市 SO_2 排放行业构成

图 6-5　环境统计名录库总体分析

油炼焦、化工、交通、农副食品、通信电子、食品、医药和造纸 9 个行业排放量之和占总量的 84%；而 SO_2 排放量的 93%集中在电力热力、非金属矿物、黑色冶金、石油炼焦和化工 5 个行业。

名录库中含有生活源住宿餐饮、居民服务业、医院等共计 8 个行业类别的生活源有 34 786 个，1 t 以上锅炉有 8 481 台，其中额定功率大于 7 MW 的有 582 台，大于 14 MW 的燃煤锅炉有 35 台。

城镇、工业、乡村和其他类三种级别集中式污水处理厂 132 个，按照实际处理量计，45 座城镇污水处理厂处理全市污水总量的 93.3%，7 座工业废水处理厂处理废水比例为 4.6%；其他污水处理厂数量有 80 座，乡村级和社区物业运营的污水处理厂数量超过一半，污水处理量普遍较小（小于 10 万 t/a），污水处理比例仅为 2.1%。19 座垃圾处理场（厂）中，其中填埋场 15 座、焚烧厂 2 座、堆肥场 2 座，5 座危险废物处理厂。

农业源种畜禽养殖业普查对象 11 457 个，其中规模化养殖场 938 个，占总普查数量的 8.2%，养殖小区 323 个，占总普查数量的 2.8%；养殖专业户 10 196 个，占总普查数量的 89.0%。水产养殖普查对象 3 196 个，主要以养殖专业户为主，而规模化养殖场比较少，只有 130 个，占所有养殖户的 4%。

北京市环境统计名录库中，所有对环境空气、地表水、地下水等环境要素可能产生污染或潜在危害的各类污染源中占有绝大部分排放负荷单位。从污染物种类分析，包含了大气污染物 SO_2、NO_x、烟尘、工业粉尘、氟化物，水污染物包括了 COD、氨氮、BOD、石油类、挥发酚、氰化物、总磷、总氮、重金属、固体废物、危险废物、VOCs 等，为各类环境管理需求提供信息保障。

名录库数据总体复杂，为更好地用于环境管理，需要根据环境管理内容确定筛选因子，根据筛选因子识别，确定其中的统计重点调查对象。

6.2.2 统计名录库筛选方法

6.2.2.1 原则与一般方法

对环境统计名录库进行筛选的目的是建立环境统计重点调查单位的名单，利用统计调查制度，获取这些单位社会经济和环境污染方面的翔实信息，用于日常监管和政策措施的决策与评估过程。

抓主要矛盾原则，以主要污染物的来源贡献率作为筛选依据。根据环境管理需要，如污染减排目标和改善环境质量目标选定筛选因子，包括“煤烟型”“汽车尾气型”大气污染治理中的污染物，如二氧化硫、氮氧化物、颗粒物以及 VOCs，还包括总量减排以及“重金属”污染管理的主要水污染物化学需氧量、氨氮、重金属，危险废物管理中的危险废物等。确定筛选因子贡献率的取值需要根据目标样本量（意味着工作量和可操作性）来确定，筛选因子贡献率取值越大，样本数越少，反之则越多。各个筛选因子的交集就是环境统计重点调查对象样本的总数。

突出关键问题原则，确定重要污染行业，将行业全口径纳入统计。根据污染物产生工艺、企业生产过程、污染物排放种类和排放去向等，明确需要重点监管的污染行业。对于已经确定的关键行业，需要将全部行业的从业单位重点调查、跟踪。例如，已经证明金属冶炼、纸浆制造、煤炭等能源的燃烧、染料染色等工艺和过程产生的污染物量非常大，是减排治理、监察监测的重点，所以应全部纳入统计重点调查范围，不设置限值。

根据活动水平规模筛选，体现可操作性原则。当调查对象数量较大，产生、治理与排放污染物情况不十分确定时，可采用一种简单易行的替代方法。例如，畜禽养殖污染纳入环境管理、环境统计调查的时间还较短，畜禽养殖数量和规模差异巨大，畜禽产生的粪便、尿液和污水对于环境的影响范围和强度还没有形成定论，因此采用养殖规模作为筛选因子简单而且恰当。

根据环境管理需要动态调整。适应污染源新增、关闭等情况变化，以及环境管理重点内容的调整，对环境统计的重点对象进行定期动态更新和调整，新增符合上述原则的对象，删除已经关闭、搬迁的对象，使环境统计重点调查对象样本库保持真实、合理、适度。

6.2.2.2 建立北京市环境统计重点调查单位名单

根据总量减排、重金属污染防治、VOCs 减排、大气颗粒物治理、危险废物管理等工作需求，选择 SO_2、NO_x、COD、氨氮、水中重金属、烟（粉）尘、固体废物和危险废物等作为筛选因子，从 2007 年污染源普查数据库筛选北京市 2011 年环境统计重点源名单，筛选步骤如下：

（1）筛选工业污染源重点调查单位

第一，以区县为基本单元，按照筛选因子贡献率产生量累计占区域总量的 65%、排放量占区域总量 85%的筛选标准，确定部分统计重点调查企业名单。各种污染物及其产生量与排放量取交集。

废气污染源筛选因子为二氧化硫、氮氧化物、烟尘、粉尘和 VOCs，废水污染源筛选因子为废水量、化学需氧量和氨氮。

第二，纳入全部有废水重金属（砷、镉、铅、汞、铬）产生的企业。

第三，筛选工业固体废物产生量不小于 10 000 t 的企业，追加至环境统计重点企业名单。

第四，筛选危险废物产生量不小于 50 t 的企业，追加至环境统计重点企业名单。

第五，提取名录库中造纸、钢铁、石油炼焦三个行业大类，水泥制造和火力发电两个行业小类的全部工业企业，加入重点源名单。

第六，根据环评资料，动态增加已造成年实际排污累计 30 d 及以上的新建项目，且其污染物的产生量或者排放量超过上述筛选标准筛选出的最低值的对象。

（2）筛选生活源重点调查单位

筛选拥有 20 T/h 以上燃煤锅炉的住宿餐饮业、集中供热中心，纳入统计重点单位名单，作为工业源热力生产与供应行业的企业统计。

（3）确定农业源重点调查单位

筛选养殖规模限值以上的畜禽养殖场、养殖小区，作为统计重点单位。养殖规模限值是：生猪年出栏 500 头，奶牛年存栏 100 头，肉牛年出栏 100 头，蛋鸡年存栏 10 000 羽，肉鸡年出栏 50 000 羽。清查纳入新增规模以上养殖场/小区。

（4）确定集中式污染治理设施重点调查单位

筛选设计处理能力不小于 2 000 t/d 的污水处理厂、建制镇级污水处理厂、申报减排项目的污水处理厂，取其并纳入环境统计重点调查名单。

纳入全部垃圾处理厂，补充 2010 年后新建单位；纳入全部持有危险废物、医疗废物处置经营许可单位。

根据以上方法，筛选形成了“十二五”期间北京市环境统计重点调查单位。2011 年其行业分布情况和环境管理内容的对应关系见表 6-6。

表 6-6 2011 年北京市环境统计工业企业重点调查对象的行业分布

序号	行业名称	环统企业/家	污普企业/家	COD、氨氮	SO_2、NO_x、烟/粉尘	VOCs	重金属	固废/危废
1	煤炭开采和洗选业	4	35	—				—
2	黑色金属矿采选业	5	9					—
3	农副食品加工业	43	591	—	—			
4	食品制造业	52	499	—				—
5	酒、饮料和精制茶制造业	32	220	—	—			—
6	烟草制品业	1	3		—			—
7	纺织业	14	341	—				—
8	纺织服装、服饰业	12	1 120		—			
9	皮革、毛皮、羽毛及其制品和制鞋业	1	83				—	
10	木材加工和木、竹、藤、棕、草制品业	2	472		—	—		
11	家具制造业	4	1 336		—	—		
12	造纸和纸制品业	19	413	—				
13	印刷和记录媒介复制业	44	790	—		—		—
14	文教、工美、体育和娱乐用品制造业	4	159	—				
15	石油加工、炼焦和核燃料加工业	5	73	—	—	—		—
16	化学原料和化学制品制造业	53	779	—	—	—	—	—
17	医药制造业	43	238	—		—		
18	橡胶和塑料制品业	10	813			—		—

序号	行业名称	环统企业/家	污普企业/家	COD、氨氮	SO_2、NO_x、烟/粉尘	VOCs	重金属	固废/危废
19	非金属矿物制品业	132	1 880		—			—
20	黑色金属冶炼和压延加工业	22	44		—			—
21	有色金属冶炼和压延加工业	5	42				—	
22	金属制品业	45	2 287			—	—	—
23	通用设备制造业	29	1 149	—			—	—
24	专用设备制造业	20	866	—	—		—	—
25	汽车制造业	35	1 753	—	—	—	—	—
26	铁路、船舶、航空航天和其他运输设备制造业	18	1 753	—	—		—	—
27	电气机械和器材制造业	12	589					—
28	计算机、通信和其他电子设备制造业	40	274	—		—	—	—
29	仪器仪表制造业	7	184				—	
30	其他制造业	4	583					—
31	废弃资源综合利用业	2	18					—
32	金属制品、机械和设备修理业	8	1 753					—
33	电力、热力生产和供应业	186	704		—			—
合计		913	18 347	16	14	10	10	23

注：行业名称按照国民经济行业分类。

从调查单位数量看，位居前列的工业行业是：电力、热力生产和供应业（186 个）、非金属矿物制品业（132 个）、化学原料及化学制品制造业（53 个）、食品制造业（52 个）、金属制品制造业（45 个）、印刷和记录媒介复制业（44 个）、农副食品加工业（43 个）、医药制造业（43 个）、计算机、通信和其他电子设备制造业（40 个）、汽车制造业（35 个）、酒、饮料和精制茶制造业（32 个）。上述 11 个行业调查单位总数达到 705 个，占全市工业源的 77.2%。畜禽养殖重点调查单位中养殖场 951 个、养殖小区 139 个，略少于 2007 年名录库中规模以上单位数量；污水处理厂 116 家，比 2007 年名录库减少 16 家；垃圾处理场 19 家，是名录库中全部；危险废物处置场 2 座，新增 1 座；医疗废物处置场 1 座，比名录库减少 2 座，新增危险废物处置单位 7 家。

环境统计重点调查单位数量与名录库相比，工业源样本约为总体的 5%，畜禽养殖样本约为总体的 10%，污水处理厂样本为总体数量的 88%，垃圾处理场为 100%，医废和危废处置场都超过 100%。

名录库中的生活源 8 个行业、农业种植业和水产养殖业不是北京市环境管理的重点内容，因此没有纳入 2011 年统计重点源筛选，只作为环境统计的非重点单位，应采用宏观估算方法评估其污染物产排情况。但是，随着城市环境管理的重点向生活源偏移，生活源中的“三产”将会被逐渐纳入北京市环境统计重点单位名单。

第 7 章　环境统计分析报告

7.1　数据分析报告的定义与作用

环境数据分析报告是根据数据分析的原理和方法，综合运用环境、经济、人口和社会统计调查数据来反映、研究和分析某类环境现象的现状、问题、原因、本质和规律，并得出结论，提出问题解决办法的一种应用文体。

环境数据分析报告是环境管理决策者搜集信息、掌握信息、认识事物、了解事物的主要工具之一。数据分析报告通过对事物数据的全方位科学分析来评估其环境及其发展情况，为决策者提供科学、严谨的依据，降低风险。

一般而言，编制环境数据分析报告必须符合规范性、重要性、谨慎性原则。

①规范性原则。分析报告中所使用的名词术语要规范、统一，分析方法应尽可能选择成熟、简明且为行业或专业内公认。

②重要性原则。分析报告应结合环境保护和管理的重点工作、重大需求切入，不能就事论事或单纯就数据论数据，缺乏实际意义。

③谨慎性原则。分析报告的编制过程一定要谨慎，要言之有据，分析过程和方法科学严谨，结论应实事求是，不能随意夸大相关发现或在报告中出现与分析内容无关的结论。

数据分析是将原始获得的数据通过加工变成对决策者有价值的参考信息的过程，其作用包括：

（1）分析环境形势

环境数据分析报告将分析结果以某一种特定的形式被清晰地展示给决策者，分析结论反映环境压力变化情况、环境质量变化情况和主要的环境工程进展状况，以便决策者能够把握环境变化趋势和原因，在管理和决策上对变化的形势作出恰当的反应。

（2）评价环境绩效

通过数据分析能够展示和评价某项重要的环境项目、政策和规划等的进展情况，评价其在环境治理方面的成效，评价相关政策工具对经济社会发展的影响，从而反映各类环境治理、保护和监管主体的工作效果和效率，为优化环境管理、强化环境责任落实提供参考。

（3）服务综合决策

环境问题产生的根源在于不可持续的生产和生活方式，环境数据分析的最终目的是揭示社会消费、经济发展与自然资源环境的关联，环境问题的解决也有赖于对上述关联的认识以及重视程度。因此，环境数据分析不能就环境而论环境，而是必须将环境问题的产生、发展、治理与国家、区域、行业、企业乃至个体的生产与消费行为相结合，为社会经济综合决策和宏观调控提供支撑。

7.2 数据分析报告的种类和结构

7.2.1 数据分析报告的种类

由于数据分析的对象、内容、时间、方法等各有不同，得到的数据分析报告种类繁多。常见的数据分析报告有以下几类：

7.2.1.1 专题分析报告

专题分析报告是对社会经济现象的某一方面或某一个问题进行专门研究的一种数据分析报告，主要作用是为决策者提供制订某项政策、解决某个问题提供参考和依据。

专题分析报告具有两个特点：内容单一和分析深入。专题分析报告不要求反映事物的全貌，重点在于针对某一方面或者某一问题进行分析，研究内容较为单一，如水污染控制效果分析、COD 治理效果分析、环保投资效果分析等。由于专题分析报告内容单一，重点突出，因此便于集中精力抓住主要问题进行深入分析。它不仅要对问题进行具体描述，还要对引起问题的原因进行分析，并且提出切实可行的解决办法。这就要求对专题报告研究业务的认识有一定的深度，由感性认识上升到理性认识，切忌蜻蜓点水、泛泛而谈。

7.2.1.2 综合分析报告

综合分析报告是全面评价一个地区、单位、部门业务或其他方面发展情况的一种数据分析报告。联合国环境规划署定期发布的“全球环境展望”、各级环境保护部门发布的“环境状况公报”等都属于综合性的分析报告。由环境保护部发布的“中国环境统计年报”也属于综合分析报告，每年定期发布的年报中均要对上一年的环境形势进行综合和全面的分析。

数据分析报告具有全面性和联系性两大特点：

1）全面性。综合分析报告反映的对象必须是一个整体，无论是一个地区、一个部门还是一个单位，综合分析报告在分析它们时都将分析对象作为一个总体进行分析，从全局的高度出发，反映对象的总体特征，给出总体评价，得到总体认识。在分析总体的现象时，必须全面、综合地反映对象各个方面的情况。

2）联系性。综合分析报告要求将相互关联的现象和问题综合起来，进行全面系统的分析。这种综合分析并不是简单的资料罗列，而是建立在系统分析指标体系的基础之上，为考察现象的内部联系和外部联系进行的分析。这种联系的重点是比例关系和平衡关系，分析、研究它们的发展和变化是否协调、是否适应是综合分析报告关注的重点。因此，从宏观角度出发，反映指标之间关系的数据分析报告一般属于综合分析报告。

7.2.1.3 日常数据通报

日常数据通报是以定期数据分析报表为依据，反映项目和计划的执行情况，并分析其影响和形成原因的一种数据分析报告。这种数据分析一般按日、周、月、季、年等时间阶段定期进行报告，所以也叫定期分析报告。

定期分析报告既可以是专题性的，也可以是综合性的。这种报告的应用范围十分广泛，企业、部门、国家都在使用。日常数据通报具有进度性、规范性和时效性三个特点。

1）进度性。由于日常数据通报主要反映计划的执行情况，因此必须把计划执行的进度与时间的进展结合起来，观察比较两者是否一致，从而判断计划完成的好坏程度。为此，需要进行一些必要的计算，通过一些绝对数和相对数指标来衡量进度。

2）规范性。日常数据通报基本上成了数据分析部门的例行报告，定期向决策者提供。所以此类报告一般具有固定的结构和形式，一般都包括以下几个基本部分：

①反映计划执行的基本情况；

②分析完成或未完成的原因；

③总结计划执行的成绩和经验，找出存在的问题；

④提出措施和建议。

这类分析报告的标题一般也比较规范，有时为了保持连续性，标题只变动时间。

3）时效性。日常数据通报是时效性很强的一种分析报告，只有及时发布和提供业务发展过程中的各种信息，才能帮助决策者掌握业务经营的主动权。

7.2.2 数据分析报告的结构

数据分析报告一般都有特定的结构，但这种结构并非一成不变，不同的数据分析人员、不同的数据分析需求、不同性质的数据分析，其最终的数据分析报告的结构可能不尽相同。

数据分析报告格式以“总—分—总”最为常见，主要包括开篇、正文和结尾三大部分。开篇部分包括标题页、目录和前言（分析背景、目的与思路）；正文部分主要包括具体分析过程与结果；结尾部分包括结论、建议及附录。下面对这几部分进行具体介绍。

7.2.2.1 标题

标题页需要写明报告的标题。题目要精练，根据版面的要求在一两行内完成。标题是一种语言艺术，好的标题不仅可以表现数据分析的主题，而且能够激发读者的兴趣。

常用的标题有以下四种类型：

1）解释观点型。这类标题常用观点句表示，点名数据分析报告的基本观点，如“不可忽视垃圾分类的作用”。

2）概括内容型。这类标题重在叙述数据反映的基本事实，概括分析报告的主要内容，让读者能抓住全文的中心，如“我市水污染物排放量较 2011 年降低 3%”。

3）交代主题型。这类标题反映分析的对象、范围、时间、内容等情况，并不点明分析报告的主张和观点，如“××市 2010 年减排形势分析”。

4）提出问题型。这类标题通常以设问形式提出报告所要分析的问题，引起读者注意和思考，如“废物最终流向了哪里？”。

标题的制作必须满足直接、确切和简洁的三大要求。

1）直接是指标题必须使用毫不含糊的语言。数据分析报告的应用性较强，被直接用于决策和管理服务，标题应当直截了当、开门见山地反映基本观点，让读者一看标题就能明白数据分析报告的基本框架，从而加快对报告内容的理解。

2）确切是指标题的撰写要做到文题相符，宽窄适度，恰如其分地表现分析报告的内容和对象的特点。

3）简洁是指标题要具有高度的概括性，用较少的文字集中、准确地表述数据分析报告的主要内容和基本精神。

数据分析报告的标题大多容易雷同，如“关于×××的调查分析”“对×××的分析”等，这类模式化标题使用太泛，必然会影响读者兴趣，因此标题的撰写除了要符合上述原则之外，还应力求新鲜活泼、独具特色。

此外，报告的作者、报告给出部门名称等信息也应该一并在标题页给出，为了将来方便参考，完成报告的日期也应当注明，这样更能体现出报告的时效性。

7.2.2.2　目录

目录即为数据分析报告的大纲，体现报告的分析思路。目录可以帮助读者方便快捷地找到所需内容，因此要在目录中列出报告主要章节的名称，在章节名称后面加上对应页码，便于查找所需信息。对于比较重要的二级目录，也可以在目录中将其列出。值得注意的是，目录不宜过长，太长的目录阅读起来耗时并容易让人产生冗长感。

此外，部分决策者没有时间阅读完整报告，但对其中部分图表展示的分析结论会有兴趣，书面报告中若含有大量图表时，可以考虑将各章图表单独制作成目录，以便日后更有效地使用。

7.2.2.3　前言

前言包括分析背景、分析目的及分析思路等几个方面内容，通过前言部分为读者解答下列问题：

- 为何要开展此次分析，有何意义？
- 通过此分析要解决什么问题，达到何种目的？
- 如何开展此次分析，主要通过哪几方面开展？

前言的内容是否正确对最终报告是否能解决业务问题、能否给决策者提供有效依据起决定性作用。

1）分析背景。对数据分析背景进行说明主要是为了让报告的阅读者对整个分析研究的背景有所了解，主要阐述进行此项分析的主要原因、分析的意义，以及其他相关信息，如行业发展现状等内容。

2）分析目的。在数据分析报告中陈述分析目的主要是让报告的阅读者了解开展此次分析能带来何种效果，可以解决什么问题。有时也会将研究背景和目的、意义合二为一。数据分析目的越明确，分析的针对性就越强，越能及时解决问题，就越有指导意义。反之，数据分析报告就没有生命力。

3）分析思路。分析思路即确定需要分析的内容或指标，常被用于指导完整的数据分析。分析思路既是分析方法论中的重点，也是常常令人困扰的问题。只有在管理理论的指导下，才能确保数据分析维度的完整性、分析结果的有效性及正确性。在报告的分析思路中，有时会使用高级的数据分析方法，如回归分析法、聚类分析法等，此时就需要在分析思路中对使用的高级分析方法加以说明，不需要设计太过专业的描述，只需要对分析原理进行言简意赅的阐述，使报告阅读者对此有所了解。

7.2.2.4 正文

正文是数据分析报告的核心部分，用于系统全面地表述数据分析的过程和结果。

撰写报告正文时，需要根据之前分析思路中确定的每项分析内容，利用各种数据分析方法，一步步地展开分析，通过图表及文字相结合的方法，形成报告正文，方便读者理解。

正文展开论题，对论点进行分析论证，表达报告撰写者的见解和研究成果的中心部分，因此正文占分析报告的绝大部分篇幅。一篇报告不能只有想法和主张，必须经过科学严密的论证，才能确认观点的合理性和真实性，才能使人信服。因此，报告主体部分的论证极为重要。

报告正文具有以下几个特点：

1）是报告最长的主体部分；

2）包含所有数据分析事实和观点；

3）通过数据图表和相关文字结合分析；

4）各部分具有逻辑关系。

7.2.2.5 结论与建议

报告的结尾是对整个报告的综合与总结、深化与提高，是得出结论、提出建议、解决矛盾的关键所在，起着画龙点睛的作用。好的结尾可以帮助读者加深认识，明确主旨，引起思考。

结论是以数据分析结果为依据得出的分析结果，通常以综述性文字说明。它不是分析结果的简单重复，而是结合实际业务，经过综合分析、逻辑推理，形成的总体论点。结论是去粗取精、由表及里抽象的、共同的、本质的规律，它与正文紧密衔接，与前言相呼应，使报告首尾呼应。结论应该措辞严谨、准确、鲜明。

建议是根据数据分析结论对业务或部门等面临的问题而提出的改进方法，建议主要关注保持优势及改进劣势等方面。分析报告给出的建议主要是基于数据分析的结果得到的，存在局限性，必须结合部门的具体业务才能得出切实可行的建议。

7.2.2.6　附录

附录是数据分析报告的一个重要组成部分。一般来说，附录提供正文中涉及而未予阐述的有关资料，有时也包括正文中提及的资料，向读者提供一条深入数据分析报告的途径。附录通常包括报告中涉及的专业名词解释、计算方法、重要原始数据、地图等内容。每个内容都需加以编号，以备查询。

附录是数据分析报告的补充，并不是必需的，应该根据各自的情况决定是否需要在报告结尾处添加附录。

7.3　撰写数据分析报告的注意事项

一份合格的分析报告应结构清晰、详略得当。分析报告的价值并不取决于其篇幅的长短，而在于其内容是否丰富，结构是否清晰，是否有效地反映了业务真相，提出的建议是否可行。在撰写分析报告时，有以下几个问题需要特别注意：

（1）结构合理，逻辑清晰

数据分析报告的结构是否合理、逻辑是否清晰是决定报告质量好坏的关键因素。一份合格而优秀的报告，应该有非常明确、清晰的架构，呈现简洁、清晰的数据分析结果。如果报告的分析过程逻辑混乱、各章节界限不清晰、不符合业务逻辑或内在联系，报告阅读者就无法从中获得有用的决策依据。

（2）实事求是，反映真相

数据分析报告的核心就是真实。真实的含义不仅包括基于分析得到的结论是客观的，而且数据也是真实可靠的，不允许有虚假和伪造现象的存在。对事实的分析和说明必须遵从科学和实事求是的态度，还原客观事物的本来面目，不能加入个人主观意见。

（3）用词准确，避免含糊

数据分析报告用词必须准确，即如实、恰如其分地反映客观情况，在分析报告中尽量用数据说话，避免使用“大约”“估计”“更多（或更少）”“超过50%”等模糊字眼，报告必须明确告知阅读者，什么情况合理（或好），什么情况不合理（或坏）。

（4）篇幅适宜，简洁有效

数据分析报告的价值主要在于为决策者提供所需信息，并且这些信息能够帮助解决问题，即报告需要满足决策者需求。如果一份关于减排形势的分析报告中没有回答减排工作进度等问题，没有关于减排现状的分析，报告再长也没有参考价值。

（5）结合业务，分析合理

一份优秀的分析报告不仅基于数据分析问题，或简单地看图说话，必须紧密结合具体业务才能得出可实行、可操作的建议，否则将是纸上谈兵、脱离实际。因此，分析结果需要与分析目的紧密结合起来，切忌远离目标的结论和不切实际的建议。当然，这要求数据分析人员对业务有一定程度的了解，如果对业务不了解或不熟悉，可请业务部门一起参与讨论分析，以得出正确的结论、提出合理的建议。

7.4 报告示例：总量减排压力指数报告

7.4.1 压力指数计算方法

7.4.1.1 总量减排压力指标体系

总量减排压力指数由总量减排目标压力、重污染行业经济运行压力和总量减排工程措施进展压力三个方面构成。其中，总量减排目标压力主要通过各省减排目标的差异来反映；重污染行业经济运行压力由重污染行业工业增加值及重污染行业主要产品产量来反映；总量减排工程进展压力主要通过总量减排季度调度报告中各省年度减排计划项目进展情况来反映。

二级指标和三级指标的权重通过专家打分的方法获得，全国总量减排压力指标体系见表7-1。

表7-1 全国总量减排压力指标体系

一级指标	二级指标	二级指数权重	三级指标	三级指标权重
总量减排压力指数	总量减排目标压力指数	0.2	年度化学需氧量减排目标	0.25
			年度氨氮减排目标	0.25
			年度二氧化硫减排目标	0.25
			年度氮氧化物减排目标	0.25
	重污染行业经济运行压力指数	0.4	机制纸及纸板同比增长速度	0.12
			纸制品同比增长速度	0.12
			印染布同比增长速度	0.12

<table>
<tr><th>一级指标</th><th>二级指标</th><th>二级指数权重</th><th>三级指标</th><th>三级指标权重</th></tr>
<tr><td rowspan="10">总量减排压力指数</td><td rowspan="6">重污染行业经济运行压力指数</td><td rowspan="6">0.4</td><td>火电发电量同比增长速度</td><td>0.12</td></tr>
<tr><td>水泥同比增长速度</td><td>0.12</td></tr>
<tr><td>硅酸盐水泥熟料同比增长速度</td><td>0.12</td></tr>
<tr><td>粗钢同比增长速度</td><td>0.12</td></tr>
<tr><td>生铁同比增长速度</td><td>0.08</td></tr>
<tr><td>焦炭同比增长速度</td><td>0.08</td></tr>
<tr><td rowspan="4">总量减排工程进展压力指数</td><td rowspan="4">0.4</td><td>国家责任书涉水项目完成比例</td><td>0.25</td></tr>
<tr><td>国家责任书涉气项目完成比例</td><td>0.25</td></tr>
<tr><td>年度目标责任书涉水项目完成比例</td><td>0.25</td></tr>
<tr><td>年度目标责任书涉气项目完成比例</td><td>0.25</td></tr>
</table>

7.4.1.2 总量减排压力指数计算方法

总量减排压力指数计算包含二级指数计算和总量减排压力指数计算两个步骤。其中二级指数计算公式：

$$\mathrm{Sub-EPI}_{i,s}=\sum_{j=1}^{J}W_j\mathrm{NI}_{i,s,j}$$

式中，$\mathrm{Sub\text{-}EPI}_{i,s}$——省份 i 的二级指数 s，二级指数包括总量减排目标压力、重污染行业运行压力和总量减排工程进展压力；

W_j ——三级指标 j 的权重；

$\mathrm{NI}_{i,s,j}$ ——省份 i 在二级指数 s 中的三级指标 j 的标准化值。

总量减排压力指数计算公式：

$$\mathrm{EPI}_i=\sum W_s\times\left(\mathrm{Sub-EPI}_{i,s}\right)$$

式中，EPI_i——省份 i 的总量减排压力指数；

W_s——二级指数 s 的权重。

在上述指数计算结果的基础上，针对每一个二级指数和总量减排压力指数，对其进行颜色标注，指数从高到低，颜色变化从深入浅，代表压力由高到低，指数划分标准见表 7-2。另外，为了进一步分析水污染物和大气污染物的总量减排压力情况，应根据指标含义将总量减排压力指数进行分解，分别计算水污染物总量减排压力指数和大气污染物总量减排压力指数。

表 7-2 指数划分标准

序号	指数值	颜色
1	0～20	绿
2	20～40	蓝

序号	指数值	颜色
3	40～60	黄
4	60～80	橙
5	80～100	红

7.4.2 分析报告正文

为及时反映全国各地区在总量减排方面的工作进展，从督促工作、提高绩效的目的出发，环境保护部污染物排放总量控制司组织环境规划院以总量减排措施季度调度数据、国家统计局月度产品产量和经济运行数据为基础，从经济发展、减排工程进展和总量控制目标三个方面对我国各地区总量减排形势进行分析。为反映全国和各地区减排压力状况，总量减排压力指数采用百分制计分，并根据红橙黄蓝绿五色对指数进行分级，红色表明压力最高，绿色表明压力最低。

2012 年全国总量减排压力指数为 53.4，压力级别为“黄色”①。2012 年全国总量减排压力指数主要呈现以下特点：

1）六大区域②中东北地区总量减排压力最高，西南地区压力最低，各省减排压力存在较大差异。

六大区域的总量减排压力级别均为“黄色”，如图 7-1 所示。东北地区总量减排压力最高，压力指数为 59.5，主要原因是东北地区总量减排工程进展缓慢，其减排工程进展的压力级别为“橙色”；西南地区总量减排压力指数最低，为 46.2。

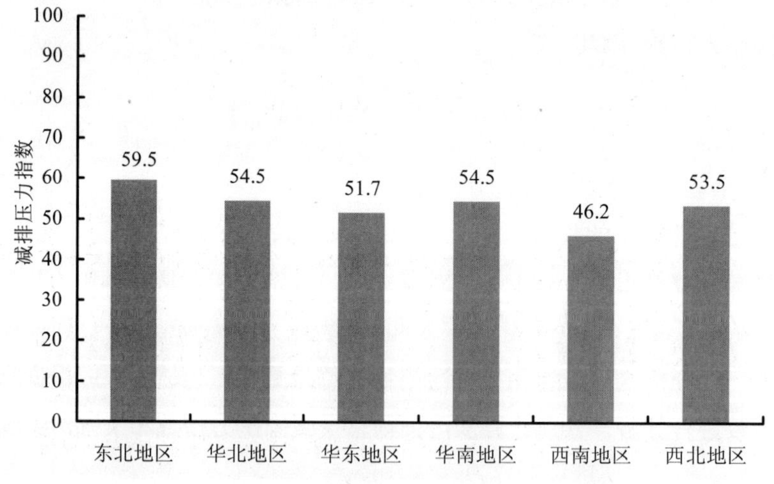

图 7-1 2012 年六大区域总量减排压力指数情况

① 由于数据匹配原因，将新疆维吾尔自治区与新疆生产建设兵团的数据合二为一，作为新疆地区的数据计算。

② 六大区域按照各环境督查中心辖区划分，其中河南省属华北地区。

分省来看，31 个省区市中天津、新疆、河南、山西、湖南、广西、云南和黑龙江的总量减排压力级别最高，为“橙色”；四个直辖市中天津总量减排压力级别为“橙色”，北京和上海为“黄色”，重庆为“蓝色”（图 7-2）。

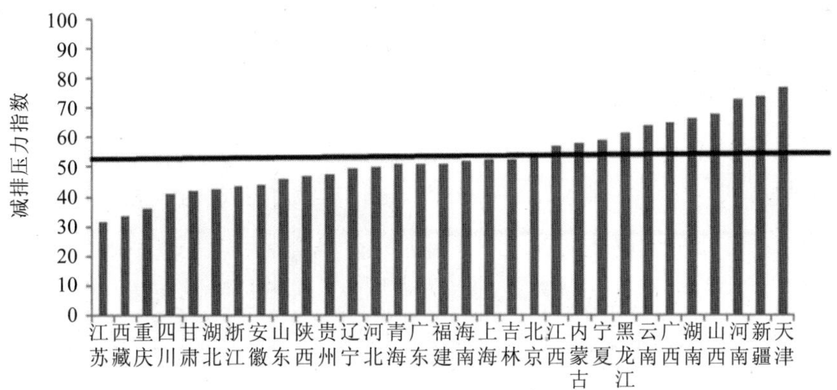

图 7-2　2012 年全国总量减排压力指数情况

2）全国总量减排工程进展压力略高于重污染行业经济运行压力，六大区域中东北地区的总量减排工程进展压力级别为“橙色”，六大区域的重污染行业[①]经济运行压力级别均为“黄色”。

2012 年全国重污染行业经济运行压力指数为 43.1，压力级别为“黄色”，如图 7-3 所示。31 个省区市中新疆的经济运行压力级别最高，为“橙色”；四个直辖市中北京和上海的压力级别为“蓝色”，重庆和天津的压力级别为“黄色”。

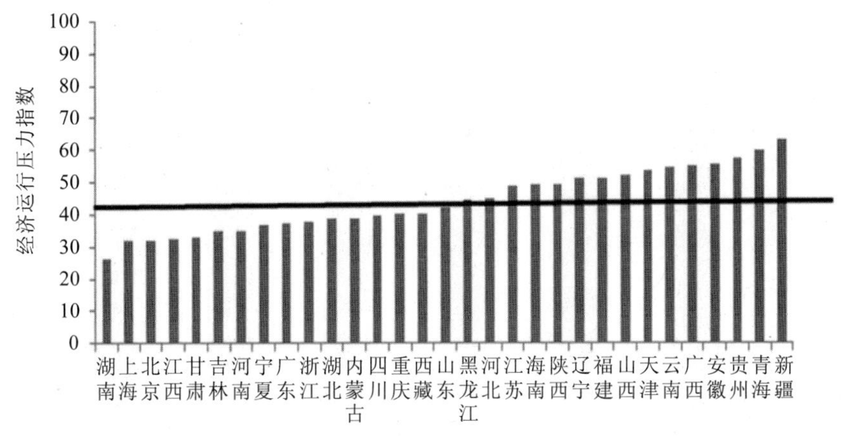

图 7-3　2012 年全国重污染行业经济运行压力指数情况

① 重污染行业包括：造纸和纸制品业、化学原料和化学制品制造业、纺织业、电力、热力生产和供应行业、非金属矿物制品业、黑色金属冶炼及压延加工业、有色金属冶炼及压延加工业、石油和天然气开采业；包括的主要产品为：机

2012 年全国总量减排工程进展指数为 47.8，压力级别为"黄色"，如图 7-4 所示。31 个省区市中新疆、天津、湖南和河南的总量减排工程进展压力级别最高，为"红色"；四个直辖市北京和上海的压力级别为"黄色"，天津压力级别为"红色"，重庆压力级别为"蓝色"。

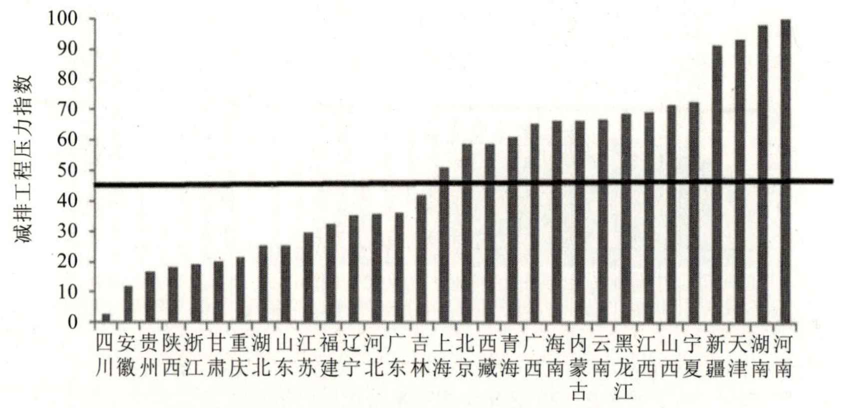

图 7-4　2012 年全国总量减排工程进展压力指数情况

2012 年六大区域中东北、西南、华东和西北地区的重污染行业经济运行压力指数高于全国压力水平，如图 7-5 所示。西北地区重污染行业经济运行压力最高，压力指数为 50，主要由于西北地区水泥、火力发电及粗钢等重污染产品的产量增长迅速；东北地区总量减排压力级别为"橙色"，西南地区压力级别为"蓝色"，其余地区为"黄色"，如图 7-6 所示。

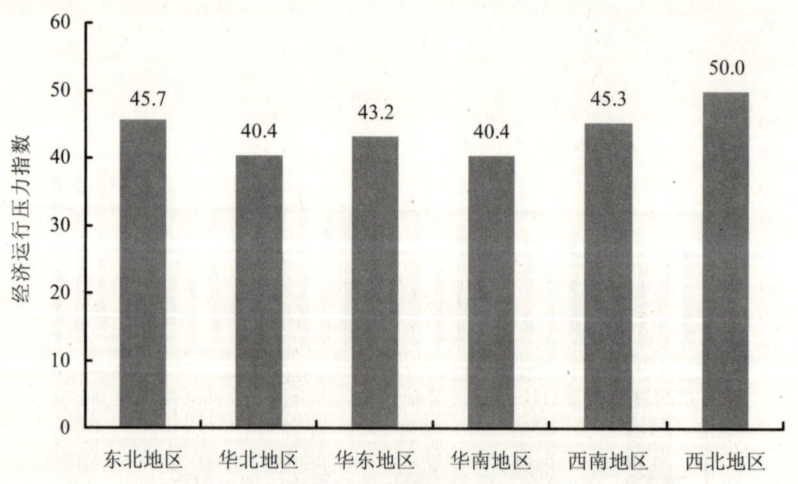

图 7-5　2012 年六大区域重污染行业经济运行压力指数情况

制纸及纸板、农用氮、磷、钾化学肥料总计（折纯）、印染布、火电发电量、硅酸盐水泥熟料、平板玻璃、卫生陶瓷制品、粗钢、生铁、焦炭、十种有色金属、原油加工量。

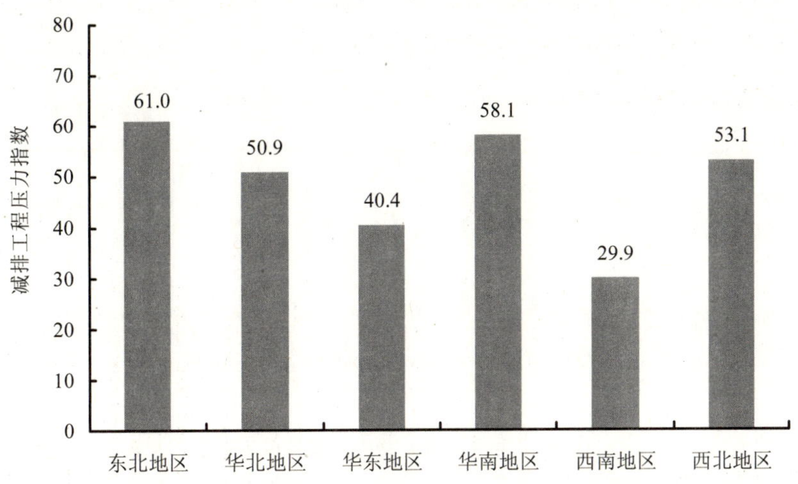

图 7-6 2012 年六大区域总量减排工程进展压力指数情况

3）全国水污染物总量减排压力级别为“黄色”，六大区域中东北地区水污染总量减排压力级别最高，为“橙色”。

2012 年全国水污染物总量减排压力指数为 56.4，压力级别为“黄色”。六大区域中东北地区水污染物总量减排压力指数最高，为 70.3，压力级别为“橙色”，主要由于东北地区水污染物总量减排工程进展情况较差；其余地区水污染物总量减排压力级别均为“黄色”，如图 7-7 所示。31 个省区市中天津的水污染物总量减排压力级别最高，为“红色”，河南、黑龙江、宁夏、山西、湖南和新疆的水污染物总量减排压力级别为“橙色”；四个直辖市中天津水污染物总量减排压力级别为“红色”，北京压力最低，为“蓝色”，上海和重庆为“黄色”，如图 7-8 所示。

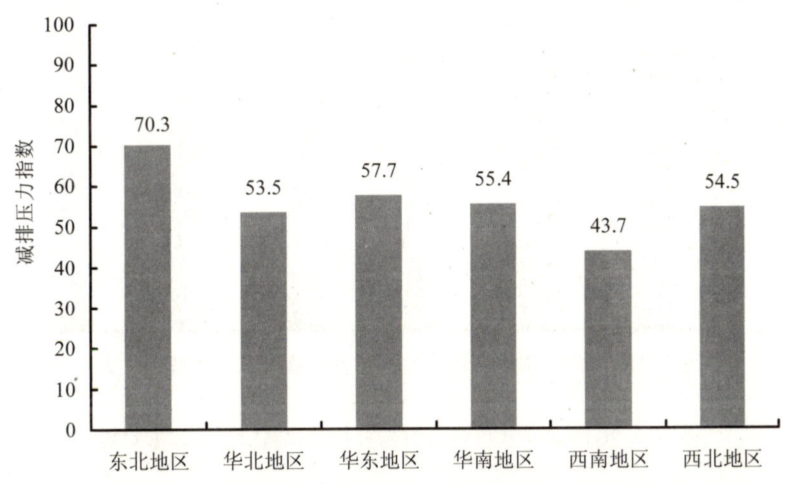

图 7-7 2012 年六大区域水污染物总量减排压力指数情况

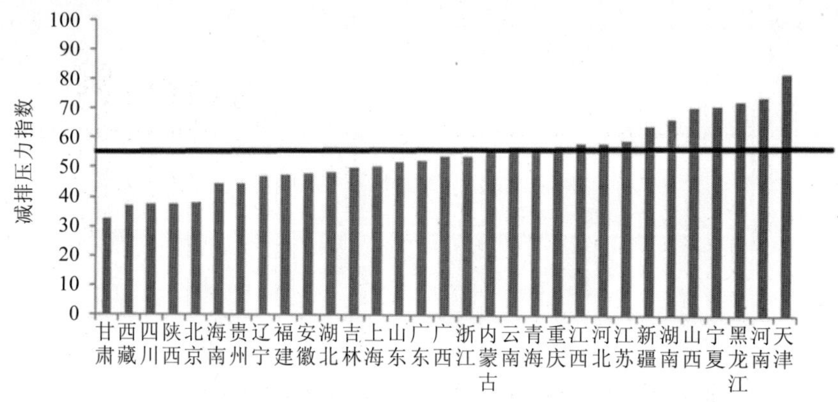

图 7-8 2012 年全国水污染物总量减排压力指数情况

4）全国大气污染物总量减排压力级别为“黄色”，六大区域的大气污染物总量减排压力级别也均为“黄色”。

2012 年全国大气污染物总量减排压力指数为 50.5，压力级别为“黄色”。六大区域的大气污染物总量减排压力级别也均为“黄色”，如图 7-9 所示，华北地区大气污染物总量减排压力指数最高，为 55.6；华东地区压力指数最低，为 45.7。31 个省区市中新疆的大气污染物总量减排压力指数最高，为 82.9，压力级别为“红色”，内蒙古、山西、湖南、天津、北京、河南、云南和广西压力级别为“橙色”；四个直辖市中北京和天津的大气污染物总量减排压力级别为“橙色”，重庆减排压力为“蓝色”，上海减排压力为“黄色”，如图 7-10 所示。

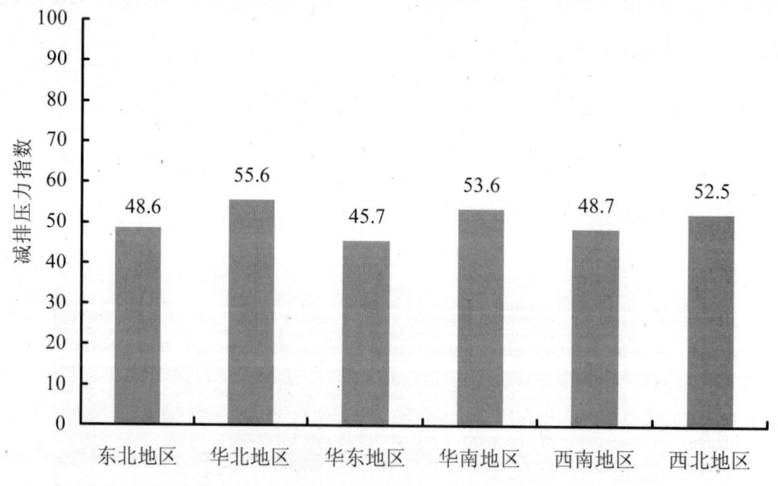

图 7-9 2012 年六大区域大气污染物总量减排压力指数情况

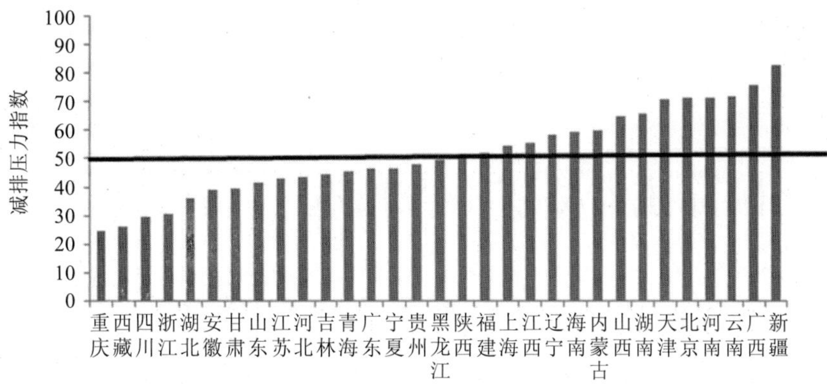

图 7-10　2012 年全国大气污染物总量减排压力指数情况

第 8 章　国际统计分析报告精选

8.1　国际组织环境报告：联合国全球环境展望

联合国环境规划署（UNEP）的全球环境展望（Global Environmental Outlook，GEO）每五年发表一期，其主要目标是在全球范围内让政府和利益相关方充分了解地球环境的现状和发展趋势。在过去的 15 年里，全球环境展望报告已经调查了大量的地球环境数据、信息和知识，提出了潜在的应对政策，并且对未来进行了展望。2012 年 UNEP 发布了《全球环境展望 5》（GEO-5），它是在以前 4 个报告的基础上，分析环境改变的现状、发展趋势并展望未来。同时，通过对进展的评估，它还增加了新的内容，以满足国际商定目标并识别各国已有的成就之间的差距，包括分析已在许多区域实行的有发展潜力的应对选择和阐述国际社会潜在的响应。而且，《全球环境展望 5》首次建议根本性地改变分析环境问题的方法，综合考虑环境改变的动因，而不仅仅考虑环境压力。这本全球性的环境报告由联合国环境规划署秘书处，和 600 名以上由政府、科学和政策咨询组织指导的科学家，共同完成。

《全球环境展望 5》由 17 个章节构成，分为三个不同的但相互联系的部分。第一部分是全球环境现状和趋势。为了探究现今迅速变化的社会和经济状况，第 1 章探讨了环境变化的驱动力，包括包罗万象的社会和经济力量，该力量对环境施加了不同程度的影响或压力；阐明和描述了产生环境挑战的主要根源，并对政策干预提出建议。通过使用驱动力、压力、现状、影响和应对（DPSIR）的分析框架（图 8-1），GEO-5 阐明了在大气、土地、水、生物多样性主题下的全球环境的现状和发展趋势，并第一次在全球环境展望系列中提出化学品和废物的主题（第 2～6 章）。

DPSIR 概念框架是用来识别与评价社会和环境复杂的和多维度的因果关系。用于全球环境展望评估的 DPSIR 概念框架是压力—现状—响应模型的扩展，此模型是由经合组织和欧洲环境总署在 20 世纪 90 年代中期发展使用的。第 2～6 章评估了选取国际商定的环境目标对于每项议题是否达成。第 7 章从地球系统视角提供了综合的主题信息。第 1 部分回顾了加强收集、分析、阐释和追踪环境现状和发展趋势的相关数据的必要性，为进一步的研究、监测和评价，以及科学评估和有效的政策制定提供基本条件（第 8 章）。

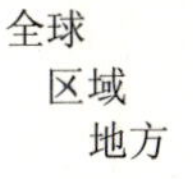

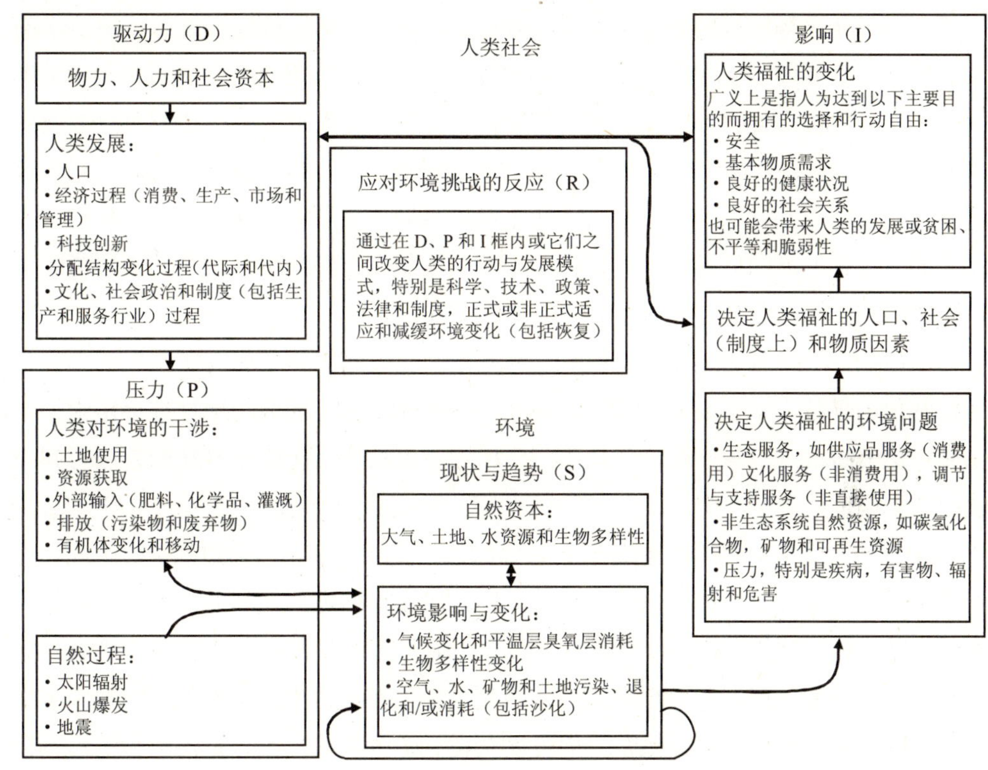

图 8-1　联合国环境规划署的 DPSIR 框架

第二部分是区域政策选择，GEO-5 第二部分的第 9～14 章评估了对加快实现国际商定目标具有潜在帮助的区域政策选择，这正是联合国环境规划署理事会所要求的，并且为希望实施成功政策的读者提供了具有前景的线路以供探究。

为了指导政策评价，在每个地区都进行了多方利益相关者磋商，以便挑选优先的环境挑战和相关的国际商定目标。

经过筛选之后，那些已经在相关目标上取得成功或者具有与有前景的初步结果相关联的创新特点的政策或政策集被保留下来，并作进一步的具体分析。政策评价主要以文献综述、案例研究和专家意见为基础。由于一些国际商定目标的多面性和非量化因素，以及政策效益权衡的多维与跨领域的性质，政策评价并不能一直采用一个一致的评价方法。

政策评价研究了政策的益处和促使它们推行成功的良好条件。它还分析了诸如环境监测和追踪、经济和社会成果、对其他优先级目标和国际商定目标的跨领域影响，以及它们在新领域应用的前景等特征。每个区域鉴定了那些有效的和可能适合在其他国家使用的政策。

第二部分结尾（第 15 章）的区域总结部分阐述了由区域选出的优先级环境挑战，讨论了共性、挑战和机遇，并对政策选择进行了总结。

第三部分是全球响应的机遇。该部分分析了为达到全球可持续发展目标所要求的各类行动。首先，它回顾了现存的环境条约和国际商定目标以构建具有明确目标的 2050 年愿景。其次，对现状情景和可持续发展情景进行了分析，并重点分析了达到可持续发展目标所需要采取的措施。分析认为，为了实现可持续发展目标，需要我们彻底脱离当前的趋势。考虑到在密集而相互联系的全球活动系统里跨区域政策的相互影响，该部分分析了一个相互协调的可持续发展的世界情景，以检验那些为实现 2050 年愿景政策变化的范围和复杂度（第 16 章）。

第 16 章和第 17 章评述了公众机构、私人部门和民间团体是如何产生影响并有效地应对环境变化的现状。尽管很多国家层面和区域层面的应对已经成功地使社会走上正轨，即开始处理这些挑战，这些分析报告证实，全球环境变化并不能依靠单独的方法得到成功的解决。

GEO-5 进程为联合国环境规划署的使命做出了重要贡献，即通过鼓舞、告知，为关爱环境提供领导力并鼓励合作，使得所有国家和人民在不损害后代利益的前提下，提高生活质量。为了促进地球的发展，地球被分为多个区域，这在很大程度上反映了 UNEP 的六个地区办公室所关心的问题和处理的事务，也使得他们能够为准备 GEO-5 的工作团队提供区域支持。在环境数据浏览器里，我们可以发现一个全面的区域、分区域和他们各自的国家的资料。

（1）驱动力指标

1950 年，只有 29%的世界人口居住在城市，人口超过 100 万能被称为超大城市的也只有纽约和东京。2010 年，城市人口所占世界人口百分比达到 50%，大城市的数量达到 20 个，多数城市人口居住于亚洲和拉丁美洲。城市增长的速率在亚洲和非洲很高，近几十年来增长速率最快的是中等城市。在人口的数量和增长速率之外，人们的定居方式和消费方式也会对不同生态系统造成影响。

全球化带来了巨大的环境影响。最近数十年，食品、燃料、矿石贸易极大地增长，且没有迹象表明会慢下来。国际贸易自 1990 年迅速以年均 12%的速度增长，每六年翻一番。另外，出口造成的排放量年均增长 4.3%，原因通常是生产行业从发达国家转移到技术相对落后的发展中国家。更深入的贸易自由化能任意以如下三种方式对环境施加压力：增长的经济活动加大对自然资源的开采量，即规模效应；转变经济活动为污染更轻或更重的行业，影响着污染强度；改变生产技术或污染强度，鼓励了对环境更加友好的生产工艺。无论本地如何改变，更广泛的贸易允许生产带来的环境影响从消费的地点完全移除，让两者脱节，见图 8-2、图 8-3。

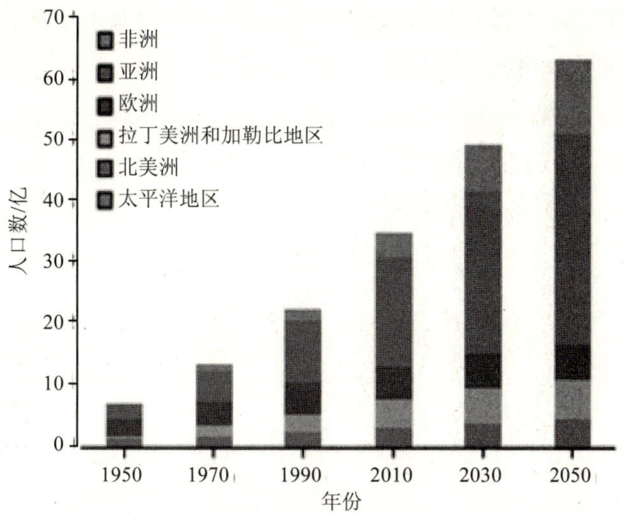

图 8-2 1950—2050 年世界城市人口的变化趋势

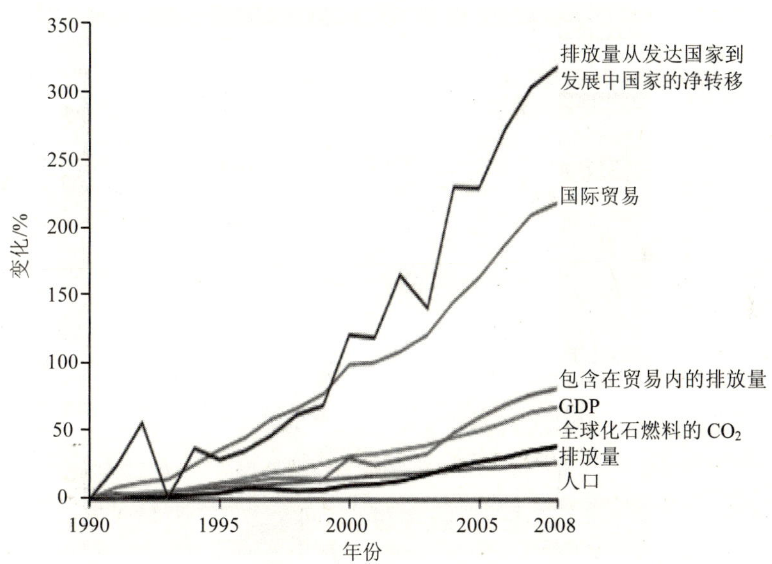

图 8-3 1990—2008 年人口、GDP、贸易和 CO_2 排放

（2）大气环境指标

就全球范围而言，对颗粒物的控制进展也是喜忧参半。欧洲和北美洲，以及拉丁美洲和亚洲的部分城市，PM_{10} 直径不大于 10 μm 的颗粒物的排放量有所减少，但是它依然是亚洲和拉丁美洲其他众多城市最主要的污染物。非洲只有很少几个城市对空气污染物进行监测，而且监测结果显示，这些城市中大部分 PM_{10} 浓度都超过了 WHO 指南（WHO，2012）。高收入国家的室外 PM_{10} 浓度接近 WHO 指南中的 20 μg/m^3。非洲最常见的问题是室内颗粒物污染，对这些污染物进行管制非常复杂，因为它们是一次污染物和二次污染物混合而

成的，二次污染物指的是排放的一次污染物的形态在大气中发生了改变。城市面临的另一个挑战就是如何消除微粒热区（图 8-4）。

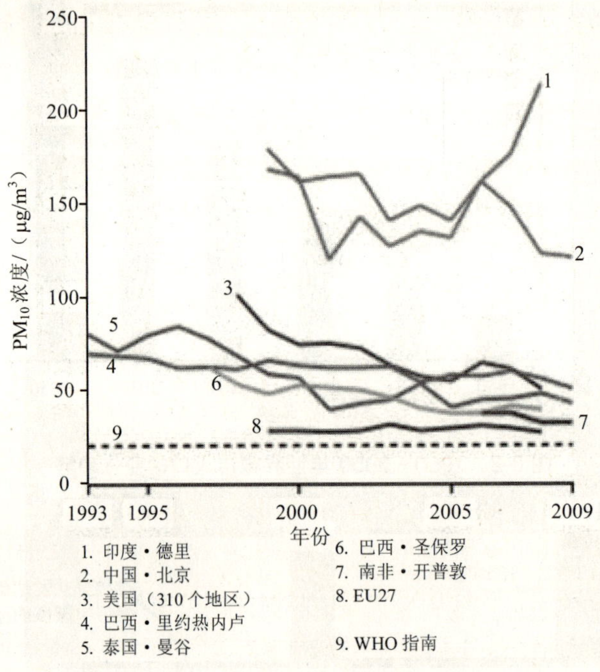

图 8-4 1993—2009 年地区和城市 PM_{10} 浓度

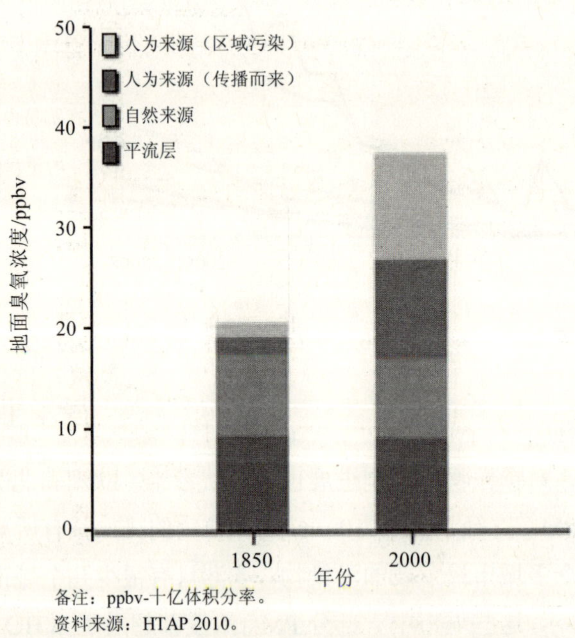

图 8-5 1850 年和 2000 年北半球受污染区臭氧源

臭氧可以导致三个方面的损害。一是地面臭氧损害人类健康，并且其影响仅次于颗粒物，位居第二。臭氧导致每年大约 70 万人因呼吸系统问题死亡（Anenberg 等，2010），死亡的人中，75%以上位于亚洲。臭氧还有可能引起慢性健康问题，导致永久性肺部损伤。

二是地面臭氧是导致植被损失的最主要空气污染物，它可以减少农作物产量和森林生产力，改变净初级生产力。比如，据估算臭氧引起四种主要农作物——玉米、小麦、大豆和水稻减产，产量损失为 3%～16%，这可以解释为每年全球经济损失达 140 亿～260 亿美元。

三是臭氧是 CO_2 和甲烷之后的第三大温室气体，但是由于其在大气中仅仅停留几天到几周，因此臭氧被归类为短寿命气候驱动物质。对流层臭氧应当对自工业化前开始辐射强迫增加+0.35 W/m^2（−0.1，+0.3）承担责任，而全部人为辐射强迫的总量才为+1.6 W/m^2（−1.0，+0.8）。臭氧引起的这些变化应当对自工业化前开始的全球温度上升承担 5%～16%的责任（Forster 等，2007）。臭氧导致的生物物质的减少还影响了陆地生态系统中储存的碳含量。据估算，这一影响导致大气中的 CO_2 浓度升高，其导致的额外辐射强迫超过全球变暖导致的辐射强迫（图 8-5）。

（3）水环境指标

海洋吸收大部分人为二氧化碳并与水发生反应生成碳酸，导致海洋变酸。虽然存在地区差异，但是海洋表面平均 pH 从工业化前的 8.2 降低为目前的 8.1，Feely 等预测，2100 年该 pH 将会进一步降低到约 7.8（图 8-6）。海洋酸化可能正在接近星球性边界。海洋酸度增加会影响具有碳酸钙壳和骨骼的海洋生物、钙性藻类和其他生物的生存。受影响的生物包括造礁珊瑚以及其他对海洋食物网至关重要的生物，也包括多种重要的人类食物来源，比如螃蟹和软体动物等。海洋酸化被视为珊瑚白化的最主要原因，珊瑚白化摧毁了世界的珊瑚礁生态系统，有些研究预测到 2050 年热带珊瑚礁会快速萎缩。珊瑚礁提供了非常重要的生态服务，比如珊瑚礁是某些具有重要商业价值鱼类的产卵和哺育场。这些生态系统及其服务受到损害的证据越来越多，显示了有必要进行治理，以提高对它们的保护。

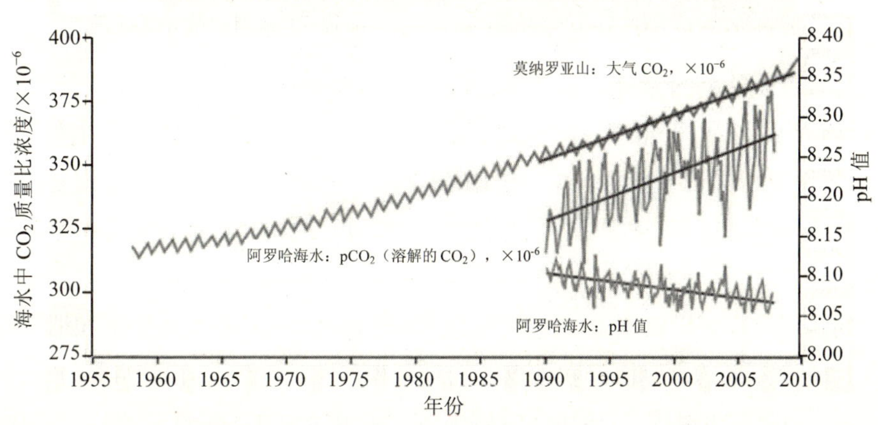

图 8-6　1960—2010 年北太平洋二氧化碳浓度和海洋酸化情况

（4）生物多样性指标

在海洋领域，20 世纪 50 年代早期至 90 年代早期，捕捞渔业的捕获量增长了 4 倍以上。自那时起，尽管捕捞的力度不断增强，但是捕获量却相对稳定或者有所减少。1974—2008 年，过度开发的、耗尽的或者耗尽后恢复中的海洋鱼类比例从 10%增加为 32%。过去 200 年中，有文件记录的 133 种当地、地区和全球灭绝的海洋物种中，55%是由过度开发导致的，其余是由栖息地丧失或者其他危险导致的（图 8-7）。

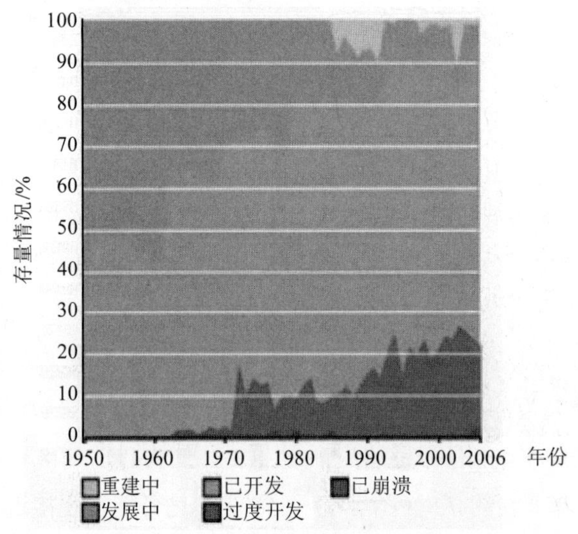

图 8-7 1950—2006 全球鱼类资源的发展趋势

尽管商业性捕鱼是鱼类资源最主要的威胁，但是家庭捕鱼也会产生过度开发的情况（Garcia 和 Rozenberg，2010）。这种作业方式最终会导致群落组成发生重大变化。比如，由于对海洋食草动物的过度捕捞，珊瑚群落已经变成了以海藻为主导的系统。

毁灭性捕鱼方法进一步放大了不可持续渔业对海洋生物多样性和栖息地的影响（FAO 和 UNEP，2009）。虽然技术在减少捕鱼方法造成的破坏性方面有很重要的作用，但是也会增加人类对海洋生物多样性影响的强度和范围。另外，丢弃和遗失的捕鱼装置对海洋生物多样性具有负面的生态影响。

过度捕鱼也是淡水湿地的一个重要问题，尽管在很多情况下，尚不存在充足的数据对损失范围进行量化。休闲渔业作业，比如选择性采捕对淡水鱼类资源具有重要的渐进性影响。渔业的顺带捕捞对某些种群也是一个巨大的威胁，比如对鲨鱼、海龟和信天翁种群数量的影响。

成功的入侵物种管理依赖于防止物种入侵和向新的地区扩散，并控制和消除已经确定的入侵者。10 个不同的国际协议和组织之间具有相关性，包括《国际植物保护公约》、世界贸易组织、国际海事组织、《国际民用航空公约》和《生物多样性公约》。1970 年以来，这些协议的缔约方数量明显增加，世界上超过 81%的国家已加入这些协议（图 8-8）。虽然加入协议代表国际管理生物入侵的愿望，但是目前尚不存在任何国际协议专门应对外来入侵物种的贸易、运输或控制。在国家水平上，只有大约 55%的国家制定法律防止新物种进入并控制现有入侵物种，据估算不足 20%的国家制定了全面的战略和管理规划。在许多情况下，现有管理活动的信息或不存在或不可用。

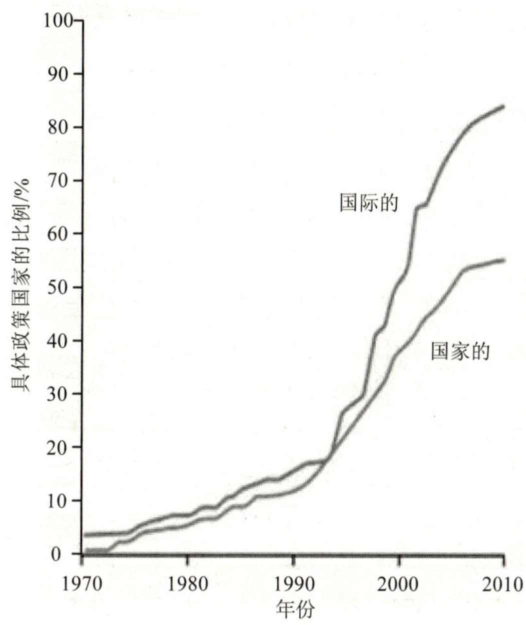

图 8-8　1970—2010 年管理外来入侵物种的承诺

8.2　国家环境统计报告：荷兰年度环境报告 2010

由荷兰国家统计局和环境保护部门联合发布的荷兰年度环境报告（The Netherlands Annual Environmental Report）是一份综合性的公布荷兰全年环境质量状况的报告，该报告特色鲜明，并没有以表格形式记录大量的统计数据，而是以图表等更为直观的视觉呈现方式将与环境相关的指标展现，并且相当大一部分的图表展现的是自 1990 年以来长期的变化趋势。我们以《荷兰环境统计报告 2010》为例介绍发达国家环境报告的主要结构。

《荷兰环境统计报告 2010》共分六章：第一章是介绍了荷兰环境统计制度和统计概况，包括数据收集方法、数据监测、数据质量控制、核算核查方法、汇总和公开发布流程等。这也是一般国家发布环境报告时首要介绍的信息。

第二章到第五章按照环境要素分别介绍了能源、水、材料与大气污染物（包括温室气体）的状况和对环境的影响。第六章介绍了环境经济政策对数据的应用和支持等。报告主要统计指标见表 8-1：

表 8-1 《荷兰环境统计报告 2010》指标

统计大类	一级指标
能源	能源消耗
	石油天然气储藏
水	水资源利用
	水污染物
	区域水环境统计
其他材料资源	资源统计
温室气体与大气污染物	不同框架下的温室气体
	生产过程中的温室气体
	季度二氧化碳排放
	地方和跨区域的大气污染
环境经济政策	环境税费
	二氧化碳排放权
	环保支出
	环境服务

（1）能源指标

2010 年，荷兰经济对能源的依存度为 54%。这意味着，净能耗的一半以上能源源于进口，其余的则是境内生产。荷兰有大量的能源库存，充沛的天然气在地表之下。20 世纪 60 年代以来，荷兰的经济支撑主要是天然气。在荷兰境内的一些油田不能提供足够的原油，荷兰需要进口石油产品，以满足庞大的国内和国外需求。荷兰境内的所有煤矿都已关闭，所有煤炭一直依赖进口。

虽然自 1990 年以来荷兰户均能源消耗增加了 8%，但是人均能源消耗基本维持在 1990 年的水平，没有太大变化，这是由于节能建筑和高效锅炉等节能设施的大规模使用帮助荷兰节约了大量能源，如图 8-9 所示。

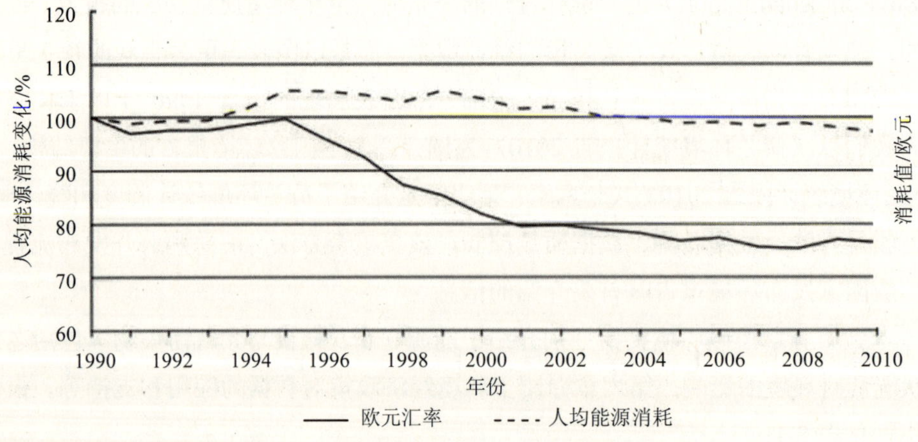

图 8-9 1990—2010 年荷兰家庭能源消耗情况

由于技术等原因，已探明天然气开采数量每年略有不同。最大存储量和最小存储量分别用不同颜色的柱状图表示。年均储量的平均值大约是 2 450 亿 m^3，如图 8-10 所示。

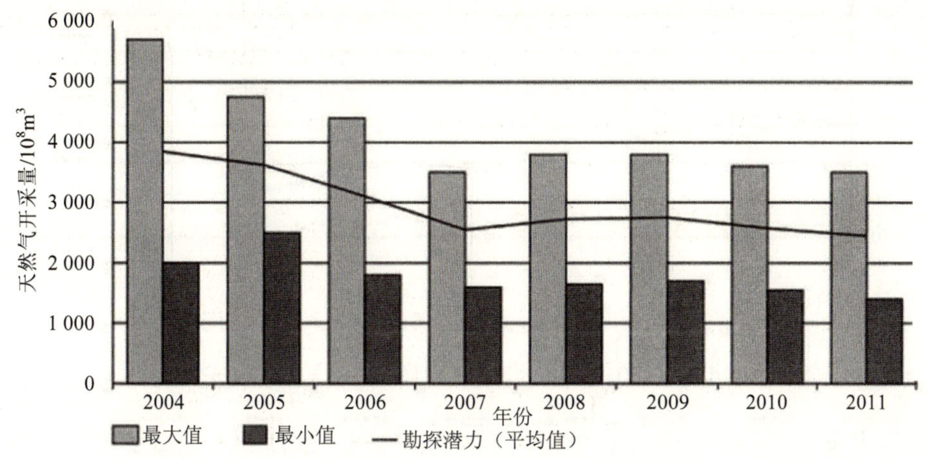

图 8-10　荷兰近年来天然气开采情况

（2）水资源水环境

虽然人口不断增加，但是自 1990 年以来荷兰家庭总用水量只增长了 0.5%。这主要得益于一些家庭大规模地装备节水设施。人均用水量在这段时间内减少了大约 10%，而户均用水量更是减少了 16%（除了节水措施之外，荷兰居民家庭结构的改变导致更多住户的出现也是另一个重要原因），如图 8-11 所示。

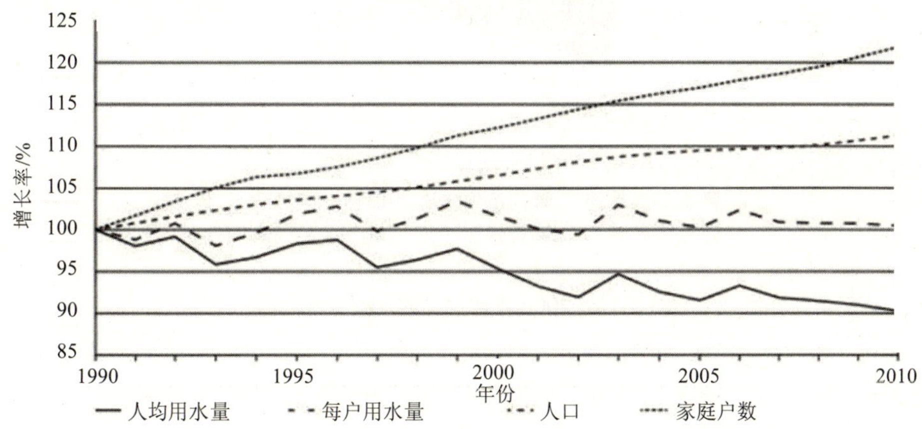

图 8-11　1990—2010 年荷兰人均用水量、人口增长以及家庭数增长

从以上两个指标可以看出，荷兰的环境统计不单单局限在环境指标，也有环境、经济社会等多个指标的对比。从指标之间的比较发现环境与其他因素关系的规律，如图 8-12 所示。

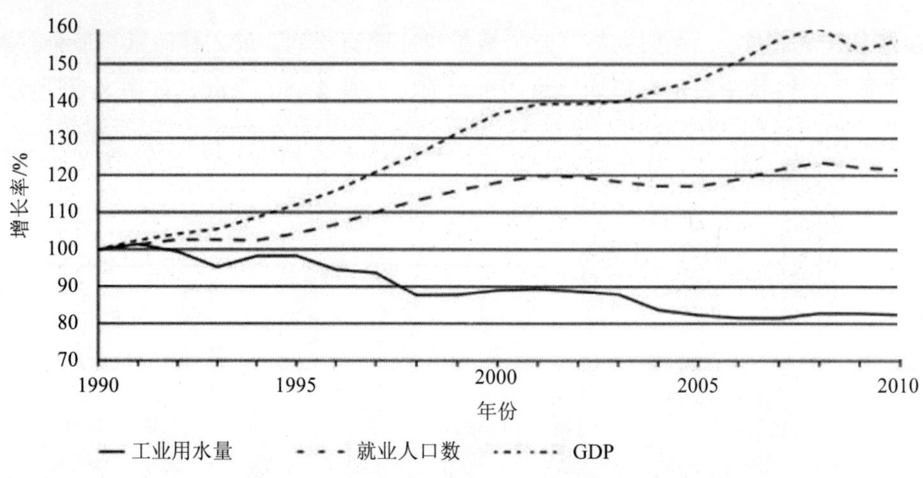

图 8-12 1990—2010 年荷兰工业用水量、就业人口和 GDP 增长

（3）自然资源

2008 年，荷兰全年共开采矿物质 2.21 亿 t（其中一半以上的材料是沙石），所有开采出的沙石中 84%会用来进行基础设施包括道路、建筑物和港口码头等的建设。另外占矿产开采中主要部分的是天然气，大概占总开采量的 29%，如图 8-13 所示。

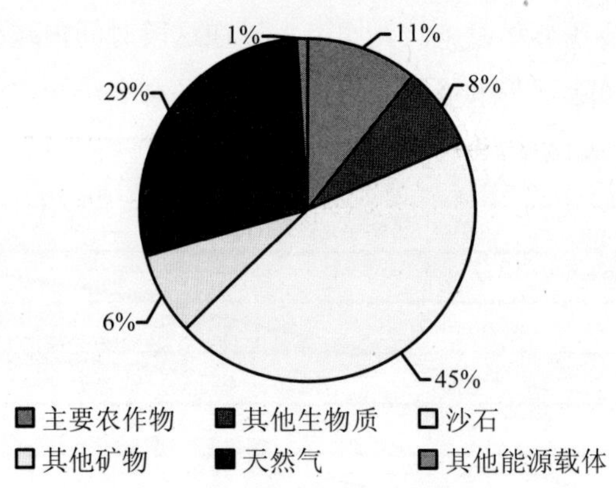

图 8-13 2008 年荷兰国内采掘资源比例

对于能源和资源的进出口统计，该报告使用了一种核算的方式：将所有类别的物质资源用进口量减去出口量，如图 8-14 所示。可以看出自 1996 年起，荷兰的资源进口量远远大于出口量，并且保持稳定的发展趋势。从资源的统计角度来看，荷兰的环境统计范围比较广，这为物质流核算和环境经济核算打下了基础，为政策提供了更好的支持。

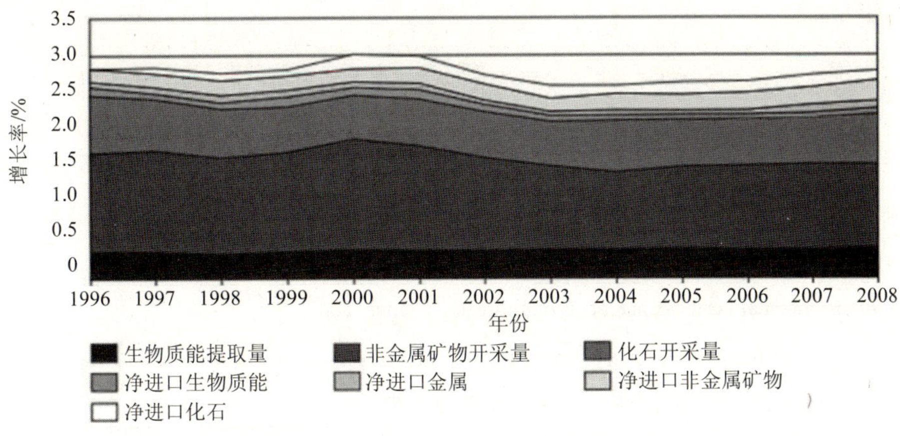

图 8-14　1996—2008 年荷兰生物、金属、矿物质、能源开采和进口数量

（4）大气污染和温室气体

就 2010 年的统计来看，荷兰温室气体的排放强度在不断增加，因为其年均经济增长率为 1.7%，但是温室气体排放增长率则是 5%。但是如果从一个较长的时间段（1990—2011 年）来看经济增长（56%）和就业率增长（21%）的速度还是高于温室气体的增长（5%）速度的。虽然温室气体增长低于经济增长，但是只有甲烷的排放达到了绝对脱钩，二氧化碳的排放只是相对脱钩，如图 8-15 所示。

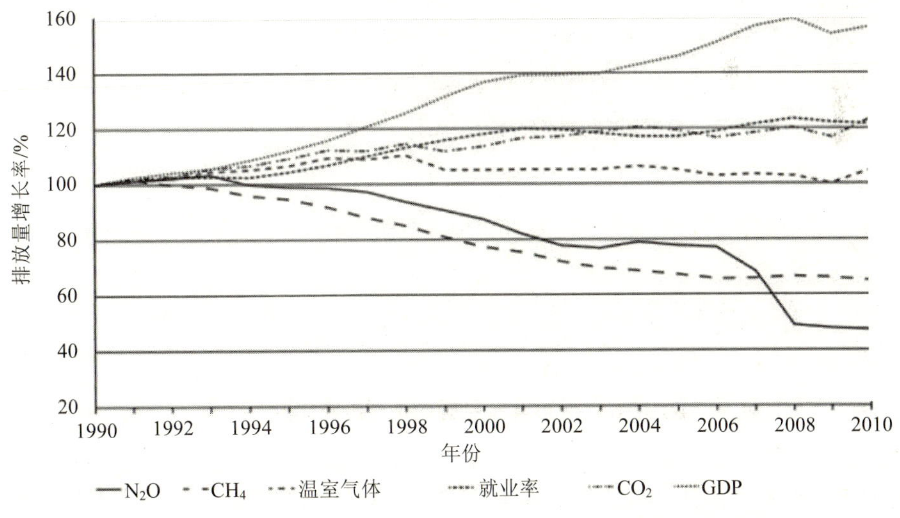

图 8-15　1990—2010 年荷兰大气污染物和温室气体排放量趋势

从以上摘抄的图例可以看出，荷兰的环境统计报告是以统计数据为基础的，多方面、跨领域综合性展示不同指标的关系。荷兰环境统计报告的一大特点就是加入了很多非环境统计指标来辅助反映环境状况，帮助读者理解环境问题的原因，帮助决策者发现环境问题的根源。为了编写这种综合性报告，除了荷兰统计局和环境保护部门之外，还需要荷兰商务部、海关和地理信息系统中心等部门的共同合作。

参考文献

[1] Heide Schreiber，Lucian Theodor Constantinescu，Irena Cvitanic，et al. Harmonised Inventory of Point and Diffuse Emissions of Nitrogen and Phosphorus for a Transboundary River Basin [R]. Final Version of the Delivery 5.5 of the EU-PROJECT DANUBS，2003，8.

[2] OECD. Environmental Performance of Agriculture at a Glance. 2007.

[3] OECD. Overview of Activities Related to Environmental Information（Selected Contributions 2008）. 2008，11.

[4] OECD. Environment at a Glance OECD Environmental Indicators 2005. Paris：2005.

[5] OECD. OECD Key Environmental Indicators 2008. Meeting of the Environment Policy Committee（EPOC）at Ministerial Level：28-29 April 2008.

[6] Oenema O，Van Liere E，Plette S，et al. Environmental effects of manure policy options in the Netherlands [J]. Water Sci. Technol.，2004，49：101-108.

[7] Steinfeld H. The Livestock Revolution-a Global Veterinary Mission[J]. Veterinary Parasitology，2004，125：19-41.

[8] 曹东，曹颖，等. OECD 中国环境绩效评估[J]. 中国环境政策，2006，7（11）.

[9] 曾凡银. 中国节能减排政策：理论框架与实践分析[J]. 财贸经济，2010（7）：110-115.

[10] 曾五一. 国家统计数据质量研究的基本问题[J]. 商业经济与管理，2010（12）：72-76.

[11] 曾贤刚，吴雅玲，李宏颖. 欧盟环境产业统计方法的经验及启示[J]. 中国环保产业，2010（11）：55-57.

[12] 曾晓峰. 从统计流程谈统计数据质量控制[J]. 中国统计，2008（2）：35-36.

[13] 陈富良. 规制机制设计在环境政策中的应用评述[J]. 江西大学学报，2005，37（1）：5-8.

[14] 陈敏鹏，陈吉宁，赖斯芸. 中国农业和农村污染的清单分析与空间特征识别[J]. 中国环境科学，2006，26（6）：751-755.

[15] 陈默，周颖. 美国和欧盟环境统计的借鉴意义[J]. 中国统计，2009（7）：52-53.

[16] 陈默. 中国环境统计改革思路[J]. 中国统计，2007（12）：8-9.

[17] 陈涛，李灿. 美国环境统计简介[J]. 上海统计，2001（10）：41-42.

[18] 陈易飞，张仁贵，龚维红，等. 无公害农业与合理施肥[J]. 生态环境，2003，12（2）：245-247.

[19] 程功武. 建立与完善入河排污口统计制度初探[J]. 人民长江，2011，42（2）：28-31.

[20] 程云鹤. 中国特色碳减排制度创新研究[D]. 长春：东北师范大学，2013：44-112.

[21] 董秀月. 统计数据质量的内涵与控制[J]. 时代经贸，2007，5（10）：213-214.

[22] 方燕，张昕竹. 机制设计理论综述[J]. 当代财经，2012，332（7）：119-129.

[23] 傅德印. 浅论政府统计数据质量控制技术体系[J]. 统计与信息论坛，2000（3）：19-24.

[24] 国家环保总局环境规划院，国家信息中心. 2008—2020 年中国环境经济形势分析与预测[M]. 北京：中国环境科学出版社，2008.

[25] 韩小铮，董文福，毛应淮. 重点污染行业环境统计准专家系统制作[J]. 中国环境监测，2010，26（6）：42-45.

[26] 郝全军. 影响统计数据真实性的根源剖析及对策探索[J]. 河南省情与统计，1998（3）：44-45.

[27] 姜作勤. 数据质量研究与实践的现状及空间数据质量标准[J]. 国土资源信息化，2004（3）：23-28.

[28] 康蔚兰. 论环境统计分析[J]. 江西化工，2008（4）：250-251.

[29] 赖瑾瑾. 国际环境统计制度发展及对中国的启示[J]. 科技咨询，2012，20：218-219.

[30] 李海鹏. 中国农业面源污染的经济分析与政策研究[D]. 武汉：华中农业大学，2007：68-122.

[31] 李换平，张俊霞. 现行水利统计体制改革初探[J]. 山西水利，2006（4）：24-41.

[32] 李锁强. 国际环境统计的发展趋势[J]. 中国统计，2006（3）：43-44.

[33] 李锁强. 加快建立中国环境统计体系[N]. 中国信息报，2002-05-28（8）.

[34] 李雪松. 中国水资源制度研究[D]. 武汉：武汉大学，2005：101-168.

[35] 李远，王晓霞. 中国农业面源污染环境管理：公共政策展望[J]. 环境保护，2005（11）：23-26.

[36] 联合国. 统计组织手册第三版——统计机构的运作和组织[M]. 联合国出版物，2003：8-29.

[37] 梁恒，孙宇博. 环境保护系统中的环境统计管理与建设[J]. 科技传播，2011（9）：36.

[38] 林郁贤. 面向“九五”的统计制度方法改革[J]. 中国统计，1996（11）：7-15.

[39] 刘杰. 论如何提高统计数据质量[J]. 经济技术协作信息，2008（12）：9.

[40] 刘学山. 浅论环境统计与环境预测的意义与方法[J]. 山东环境，1995（3）：12-13.

[41] 罗建章. 中国统计管理体制改革的初步构想[J]. 经济问题探索，2009（9）：179-182.

[42] 马建堂. 关于统计体制改革的几个问题[J]. 当代财经，2012，327（2）：10.

[43] 茅晶晶，沈红军，徐洁. 全国环境统计数据审核软件设计与实现[J]. 环境科技，2011，24（4）：65-68.

[44] 米红，杨炳铎，等. 中国环境统计指标可操作性框架研究[J]. 环境科学研究，2006，19（2）：71-74.

[45] 彭里，魏世强，古文海，等. 重庆市畜禽粪便排放时空分布研究[J]. 中国生态农业学报，2006，14（4）：213-216.

[46] 彭立颖，於方，等. 美国环境统计及其对中国的借鉴意义[J]. 中国环境政策，2008，9（13）.

[47] 彭立颖，贾金虎. 中国环境统计历史与展望[J]. 环境保护，2008，390：52-55.

[48] 戚桂杰，顾飞，陈安. 管理机制设计理论中的时间规制研究[J]. 科学学研究，2012，30（7）：1039-1047.

[49] 齐珺，魏佳，罗志云. 对中国环境统计制度的思考和建议[J]. 环境与可持续发展，2011（2）：66-69.

[50] 邱冬，陈梦根. 基于数据质量观的中国统计能力建设[J]. 当代财经，2008（3）：113-117.

[51] 邵坤. 统计数据质量控制对策研究[J]. 中国证券期货，2010（8）：50.

[52] 宋小霞，郑洋，汪群慧，等. 日本危险废物统计制度的研究[J]. 环境科学与管理，2007，32（11）：7-8.

[53] 宋笑飞. 星座图在环境统计分析中的应用[J]. 环境监测与技术，1991，3（3）：50-51.

[54] 宋旭光. 统计能力建设：面向发展中国家的统计方略[J]. 中国统计，2003（7）：9-10.

[55] 汪太鹏. 环境信息管理软件开发的可靠性分析[J]. 环境科学与管理，2009，34（6）：18-20.

[56] 王方浩，马文奇，窦争霞，等. 中国畜禽粪便产生量估算及环境效应[J]. 中国环境科学，2006，26（5）：614-617.

[57] 王金南，曹东，於方，等. 中国环境经济核算研究报告 2004[M]. 北京：中国环境科学出版社，2009.

[58] 王金南，蒋洪强，於方，等. 绿色国民经济核算[M]. 北京：中国环境科学出版社，2009.

[59] 王金南，吴文俊，蒋洪强，等. 构建国家环境红线管理制度框架体系[J]. 环境保护，2014，42（2-3）：26-29.

[60] 王秋兰. 从统计管理体制看统计数据失真的根源[J]. 财经界，2010（1）：198-200.

[61] 王依军. 中国资源环境统计指标体系框架设计[J]. 统计与决策，2011（21）：36-37.

[62] 文军，骆东奇，罗献宝，等. 千岛湖区域农业面源污染及其控制对策[J]. 水土保持学报，2004，18（3）：126-129.

[63] 吴辉. 美国的统计体制[J]. 统计研究，1992（2）：76-79.

[64] 徐晓海. 政府统计制度的新制度经济学分析[J]. 科学决策，2010（3）：23-34.

[65] 许永洪. 统计数据质量的基本概念与数据质量评估的基本模型[J]. 商业经济与管理，2010（12）：82-86.

[66] 杨娜. 美国国家农业统计体系及其启示[J]. 世界农业，2012（7）：27-31.

[67] 杨娜. 中国农业统计体制及运行机制研究[D]. 北京：中国农业科学院，2012：32-105.

[68] 姚瑞华，吴悦颖，王东，等. 国家重点监控水污染企业筛选方法辨析[J]. 环境监测管理与技术，2010，22（5）：1-4.

[69] 游明伦. 统计数据质量控制的难点及对策[J]. 统计与决策，2002（5）：18-19.

[70] 於方，曹东，王金南，等. 中国环境经济核算技术指南[M]. 北京：中国环境科学出版社，2009.

[71] 余芳东. 国外统计数据质量评价和管理方法及经验[J]. 北京统计，2003（7）：54-55.

[72] 余丽莉. 环境统计数据质量控制问题研究[J]. 经济研究导刊，2011（12）：205-206.

[73] 张德宽，刘绍辉. 对统计制度方法改革的若干思考[J]. 中国统计，2003（8）：5-6.

[74] 张芳，李正辉. 政府统计数据质量管理的国际准则[J]. 统计与决策，2005（1）：44.

[75] 张宏艳. 发达地区农村面源污染的经济学研究[D]. 上海：复旦大学，2004：70-112.

[76] 张坤民，温宗国，彭立颖. 当代中国的环境政策：形成、特点与评价[J]. 中国人口·资源与环境，2007，17（2）：1-7.

[77] 张维理，徐爱国，冀宏杰，等. 中国农业面源污染形势估计及控制对策 III. 中国农业面源污染控制中存在问题分析[J]. 中国农业科学，2004，37（7）：1026-1033.

[78] 张文健，孙绍荣. 基于行为控制的制度设计研究[J]. 科学学研究，2005，23（1）：97-100.

[79] 赵乐东. 中国统计制度中几个需要改进的问题研究[J]. 经济经纬，2008（6）：83-86.

[80] 赵楠，刘毅，陈吉宁. 基于微观模拟的企业排污强度差异及区域特征[J]. 环境科学，2009，30（11）：3190-3195.

[81] 赵学刚，王学斌，刘康兵. 中国政府统计数据质量研究[J]. 经济评论，2011（1）：145-154.

[82] 赵云成，李锁强，胡卫. 德国环境统计[N]. 中国信息报，2005-05-31.

[83] 郑洋，宋小霞，胡华龙，等. 美国和欧盟危险废物统计制度的研究[J]. 环境与可持续发展，2007（4）：1-3.

[84] 周国梅，周军. 绿色国民经济核算国际经验[M]. 北京：中国环境科学出版社，2009.

[85] 周军，万小桌. 当前环境统计工作体制问题初探[J]. 科技创新导报，2009（15）：178.

[86] 朱启贵. 中国国民经济核算体系改革发展三十年回顾与展望[J]. 商业经济与管理，2009（1）：5-13.